工程项目管理与施工技术研究

韩继锋　赵红星　王立峰　著

吉林科学技术出版社

图书在版编目（CIP）数据

工程项目管理与施工技术研究 / 韩继锋，赵红星，王立峰著．-- 长春：吉林科学技术出版社，2023.6
ISBN 978-7-5744-0628-5

Ⅰ．①工⋯ Ⅱ．①韩⋯ ②赵⋯ ③王⋯ Ⅲ．①工程项目管理－研究②施工管理－研究 Ⅳ．① F284 ② TU71

中国国家版本馆 CIP 数据核字（2023）第 136508 号

工程项目管理与施工技术研究

著　韩继锋　赵红星　王立峰
出 版 人　宛　霞
责任编辑　孔彩虹
封面设计　树人教育
制　版　树人教育
幅面尺寸　185mm×260mm
开　本　16
字　数　260 千字
印　张　11.75
印　数　1－1500 册
版　次　2023年6月第1版
印　次　2024年2月第1次印刷

出　版　吉林科学技术出版社
发　行　吉林科学技术出版社
地　址　长春市福祉大路5788号
邮　编　130118
发行部电话/传真　0431-81629529 81629530 81629531
　　　　　　　　　81629532 81629533 81629534
储运部电话　0431-86059116
编辑部电话　0431-81629518
印　刷　三河市嵩川印刷有限公司

书　号　ISBN 978-7-5744-0628-5
定　价　75.00元

前　言

随着我国国民经济和建筑行业稳步而高速地发展，工程建设已经形成较大规模，在美化生活环境、改善物质功能和满足精神功能的需求方面发挥着巨大作用。

工程项目管理自 20 世纪 80 年代从国外引进中国以后，通过多年的消化吸收和实践应用，进行了大量的自主创新，已经提升了我国的各工程领域项目管理的科学水平和技术力量，为我国工程管理和经济社会的发展做出了重要贡献。

本书首先对建设工程项目管理进行了概述，其次讲到了工程项目质量管理、工程项目进度管理，而后研究了路基施工技术和路面施工技术，最后以安全施工和环境保护做了总结。本书可供相关领域的工程技术和管理人员学习、参考。

本书编写过程中借鉴了一些专家学者的研究成果和资料，在此特向他们表示感谢。由于编写时间仓促，编写水平有限，不足之处在所难免，恳请专家和广大读者提出宝贵意见，予以批评指正，以便改进。

目　　　录

第一章　建设工程项目管理概论

第一节　项目与项目管理

一、项目

（一）项目的概念

"项目"广泛地存在于人们的工作和生活中，并产生重要影响。"项目"一词还广泛地应用在社会经济文化生活的各个方面，如建筑工程项目、开发项目、科研项目、社会项目等。人们经常用"项目"表示某一事物，因此，"项目"已成为一个专业术语，有特定的含义。但如何用通俗简洁的语言概括和描述这一词语，目前还没有达成共识。纵观国内外，组织学者和管理专家为项目下了许多定义。英国标准化协会发布的《项目管理指南》将项目定义为："具有明确的开始和结束点、由某个人或某个组织所从事的具有一次性特征的一系列协调活动，以实现所要求的进度、费用以及各功能因素等特定目标。"美国项目管理协会（Project Management Institute，PMI）认为："项目是一种被承办的，旨在创造某种独特产品或服务的临时性努力。"而德国国家标准DIN69901将项目定义为："项目是指在总体上符合如下条件的唯一性任务（计划），具有特定的目标，具有时间、财务、人力和其他限制条件，具有专门的组织。"ISO10006将项目定义为："具有独特的过程，有开始和结束日期，由一系列相互协调和受控的活动组成，过程的实施是为了达到规定的目标，包括满足时间、费用和资源等约束条件。"

总之，项目的定义可概括为：项目是指在特定环境和约束条件下、具有特定目标的有组织的一次性工作或任务。

（二）项目的特征

1.项目目标的明确性。任何项目都具有特定的目标，项目的目标一般分为成果性目标和约束性目标。成果性目标是指项目的最终目标。在项目的实施过程中成果性目标被分解为项目的功能性要求，如一座住宅楼的可靠性（安全性、使用性及耐久性）、经济性、美观性以及与环境的协调性等。约束性目标是指实现成果性目标的限制条件，在项目的实施过程中必须遵循的条件，如进度、成本、质量等。

2. 项目的一次性。项目的一次性是指任何项目作为总体来说是一次性的、不重复的、有限的，这也是识别项目的关键特征。从项目的含义看，项目有一个明确的起点和终点。如果一个项目的目标已经实现，则表示项目成功；如果项目目标不再需要或没有达到，则表示项目失败。无论是成功或失败，项目都达到了终点，表示任务完成，宣告结束，不允许重新开始运作。因此,项目管理者在项目的实施过程中必须精心规划，审慎执行和严格控制，确保项目能一次成功。

3. 项目的系统性。任何一个项目都要经过前期策划、设计和计划、项目实施和项目运行阶段。各阶段构成了项目系统。同时，一个项目系统在一定程度上又是由人、技术、资源、时间、空间和信息等多种要素组合在一起的，为实现某个特定的目标而形成的一个有机的整体。在项目运作过程中，各种构成要素互相制约、互相影响。因此，项目管理者在管理过程中要把项目作为整体来看待，以一定的方式，组织和管理全局体统，而不是只强调局部。

4. 项目的独特性。独特性又称唯一性。每个项目的内涵是唯一的。任何一个项目之所以能称之为项目，是由其独特成分的，没有两个项目是完全相同的，即使它们的任务目标相同，但它们的地点、时间、内部和外部环境、自然和社会条件、存在的风险等都有所差别。项目的这一特性意味着项目具有创新性，项目管理者必须具有一定的创新和创业能力，把一个项目的管理看作一种实现创新的事业，视为一种极富创造性和挑战性的工作任务。

二、项目管理

（一）项目管理的概念

"项目管理"，就是对工程项目进行管理。但其内涵却十分丰富，从"项目管理"一词来看，具有两种含义：一是动词，项目管理是指一种管理活动，即人们有意识地按照项目的特点和规律，对项目所进行的组织、管理活动；二是名词，项目管理又是一种管理科学，即以探求项目活动科学管理的理论与方法为研究对象的一种知识体系。因此，对"项目管理"一词就有了两种不同思路的定义。《工程项目管理实用手册》将项目管理定义为："项目管理是在一定的约束条件下，以最优的实现项目目标为目的，按照其内在的逻辑规律对工程项目进行有效的计划、组织、协调、控制的系统管理活动。"美国项目管理专家 Haroldkerzher 博士从另一个角度将项目管理定义为："为了限期实现一次性特定目标对有限资源进行计划、组织、指导、控制的系统管理方法。"前者定义为一种活动，后者定义为一种方法，但两者本质是一致的。总而言之，项目管理是项目组织者，在特定的环境和约束条件下，运用系统的理论和方法，对项目与资源进行计划、组织、执行、协调与控制，以实现项目立项时确定的目标。

（二）项目管理的特点

1. 项目管理有明确的目标。项目管理的目标是通过管理实现项目的既定目标，没有目标就无所谓管理，管理本身不是目的，而是实现一定目标的手段。项目管理的目标是由项目目标决定的，即在规定的时间内，达到规定的质量标准，满足规定的预算控制。

2. 项目管理是一项复杂的工作。项目管理的复杂性取决于项目和项目管理组织。一个项目一般由很多部分组成，工作跨越多个组织，需要运用多种学科的知识来解决。项目是一次性的，具有一定的创新性，在项目管理中通常没有或很少有以往的经验可以借鉴，而且项目执行过程中存在许多不确定的风险因素。风险因素的发生概率和影响程度都是未知的，同样，项目管理组织是为了实现项目目标而将不同经历、不同组织的人员有机组织在一起。因此，具有临时性的特性，项目终结，组织使命完成，人员转移。另外，项目管理组织又具有一定的开放性。所谓开放性就是项目管理组织要随项目的进展而改变。为了保障组织高效、经济运行，组织人数、成员的职能会不断发生变化。一个临时的、开放的组织，在特定条件（成本、进度、质量）和约束下实现一个复杂项目既定的目标，这就决定了项目管理是一项复杂的工作。

3. 项目管理实行项目管理者负责制。项目具有复杂性，而且项目的复杂性随其范围不断变化，项目越大越复杂，涉及的学科、技术种类越多。需要各职能部门相互协调，通力配合。如何才能达到项目管理的目标，这需要将项目授权给一个人，即项目管理者或项目经理，他有权利独立进行计划，以及资源分配、协调和控制。项目管理者是应特殊需要而产生的，所以要求项目管理者必须具备一定的专业知识，具有领导者才能，能综合运用各种专业知识和管理方法解决问题。

三、建设工程项目

（一）建设工程项目的概念

建设工程项目是项目中的一种，具有项目的含义。建设工程项目是利用一定的投资，经过一系列活动，在一定的约束条件下，以形成固定资产为目标的一次性活动。《建设工程项目管理规范》（GB/T50326—2017）将建设工程项目定义为：为完成依法立项的新建、扩建、改建工程而进行的、有起止日期的、达到规定要求的一组相互关联的受控活动，包括策划、勘察、设计、采购、施工、试运行、竣工验收和考核评价等阶段。

（二）建设工程项目的特点

建设工程项目具有一次性、目标性、系统性、约束性等基本特征，同时还具有自身的一些特征，具体如下：

1. 建设工程项目投资大。建设工程要达到的目标是为人们生产生活提供一个功能良好、舒适、美观的空间，满足人们衣食住行的需要，建设工程项目一般是房屋、道路、桥梁、工厂等大型活动，因此投资巨大，少则几百万元，多则上千万元、数亿元。例如，举世闻名的三峡工程项目，其建设期间静态投资达 900 亿元（人民币），著名的英吉利海峡隧道项目总投资高达 120 亿美元。

2. 建设工程项目地域的固定性。建设工程项目是应人们需要而产生的，哪里需要就在哪里施工，在哪里建成就在哪里投入生产，一般是不能移动的，因此，建设工程项目必须在指定的场所和条件下进行组织实施。

3. 建设工程项目生产周期长、过程开放。建设工程项目由于建设规模庞大，技术复杂，从策划到投入使用，经历时间长，少则几个月，多则几年或者十几年，由于建设周期长，露天施工，受到外部环境影响大，因此，在建设工程过程中，存在许多不确定因素，风险较大。

4. 建设工程项目参与人员多，生产具有规律性。建设工程项目是一项复杂的工程，参与人员众多，涉及各专业。主要人员有建筑师、结构师、设备工程师、项目管理者、建设工程人员、监理人员等。但项目建设过程中有一定的规律性，施工工艺必须满足规范要求，有专用的仪器设备，是一种专业性较强的以专门知识和技术为支持的工作任务。

5. 建设工程项目产品质量的强制性。建设工程产品的好坏直接影响国家的财产、人民的生命安全。因此，从项目的立项、报建、可行性研究、设计、建设工程到竣工验收和交付使用都必须在政府及相关机关的控制与监督下。

6. 外部协作性。

（三）建设工程项目的建设程序

一个建设工程项目的建成往往需要经过多个阶段，涉及面广，内外协作配合环节多，关系错综复杂，必须按照一定程序才能有条不紊地进行。在工程建设领域，通常把施工项目的各阶段和各项工作的先后顺序称为建设程序。建设工程项目自投标开始到保修期满为止，具体分为五个阶段：投标、中标、签约阶段；施工准备阶段；施工阶段；竣工验收、交付使用、工程结算阶段；交付使用后服务阶段。

1.投标、中标、签约阶段。建设工程企业运行一个建筑施工项目一般是从参加投标活动开始的。项目建设单位对建设工程项目进行设计和前期准备工作后，提出建设规模、使用要求、建设期限，以及对材料、人工造价进行估算，制定标底，编制招标文件，发布招标信息，施工单位在看到招标广告或邀请函后，决定是否参加投标。若参加投标，需经资格审查合格取得投标文件后，按规定填写标书，提出标价，将密封标书在规定期限内发送投标单位。通过开标、评标和定标，招标单位发出中标通知书。建设工程企业在接到中标通知书后，与发包单位就技术、经济学问题进行谈判，最终达成协议，签订正式承包合同，该阶段是建设工程项目程序的第一阶段。

2.施工准备阶段。建设工程企业与建设单位签订建筑施工项目施工合同后，在施工前，还必须为合同履行和施工活动顺利进行做必要的准备工作，项目施工准备工作包括组织准备和开工准备。

组织准备的主要工作是组建项目经理部、授权项目经理。开工准备是为了使工程具备开工和连续施工的基本条件而进行的准备，主要包括以下几方面内容。

（1）技术准备，主要包括：图纸会审；掌握工程地基的地质、水文和地区的自然环境；编制施工预算；编制施工组织设计。

（2）物资准备，主要包括：建筑材料用量的估算，确定供应单位、进料计划和堆放位置；施工机械设备的准备；模板、脚手架的准备。

（3）人员、劳动组织准备，主要包括：集结施工队伍，建立精干的施工作业班组；外包系统的确立。

（4）施工现场准备，主要包括：清除障碍物；"三通一平"，即工程场地范围通水、通电、道路畅通，场地平整；工程测量、放线；搭建临时设施，办公用房、库房、食堂、宿舍、围墙等。

（5）场外准备，主要包括：签订材料供应合同、工艺设备加工合同；订立分包合同；提交开工申请报告。

3.施工阶段。开工报告一经批准，项目便进入建设实施阶段，施工活动应按设计要求、合同条款、预算投资、施工程序和顺序，施工组织设计，在保证质量、工期、成本计划等目标的前提下进行，达到竣工标准要求，经过验收后，移交给建设单位。

4.竣工验收、交付使用、工程结算阶段。当建筑施工项目完成工程项目设计图样和工程合同规定的全部内容，并达到业主单位的使用要求，标志着工程竣工。施工企业可以将建设工程项目以及有关资料移交建设单位或监理单位，并接受一系列审查验收，如果达到建设工程项目质量标准，就可以交付使用。同时，对外结清债权、债务，解除施工合同交易关系。但这并不代表施工企业合同责任和义务的结束。

5. 交付使用后服务阶段。建设工程项目的终点是保修期满为止。因此，建设工程项目交付使用后，必须按合同规定的保修期对项目成果的使用进行回访与保修，以保证使用单位正常使用，发挥效益。

四、建设工程项目管理

（一）建设工程项目管理的概念

《建设工程项目管理规范》（GB/T50326—2017）将建设工程项目管理定义为："运用系统的理论和方法，对建设工程项目进行的计划、组织、协调和控制等专业化活动。"

（二）建设工程项目管理的内容和程序

建设工程项目管理是施工企业履行施工合同的过程，也是实现项目预期目标的全过程，项目管理者在项目实施的过程中，应运用科学管理的基本原理，发挥企业技术管理的整体优势，组织各个层面的管理活动搞好全过程的建设工程项目管理。项目管理每一个过程都应体现"计划、实施、检查、处理"（PDCA）的持续改进过程。

1. 建设工程项目管理的内容。建设工程项目管理的内容取决于项目管理的目的、对象和手段，项目管理的目的就是实现质量、成本、工期和安全的预期目标，对象就是生产要素；手段就是通过管理规划、组织协调、合同管理和信息管理等进行生产要素管理与目标控制。

每个建设工程项目的具体管理内容由施工企业法定代表人向项目经理下达的"项目管理目标责任书"确定，由项目经理负责组织实施。其具体内容包括：

（1）编制"建设工程项目管理规划大纲"和"建设工程项目管理实施规划"。建设工程项目管理规划大纲和实施规划对建设工程项目管理组织、内容、方法、步骤、重点进行预测与决策，做出具体安排的纲领性文件。

（2）建设工程项目进度控制。确定建设工程项目开工日期和竣工日期；编制建设工程项目建设工程进度计划；向监理工程师提出开工申请报告；实施建设工程项目建设工程进度计划。

（3）建设工程项目质量控制。确定建设工程项目质量目标；编制建设工程项目质量计划；实施建设工程项目质量计划。

（4）建设工程项目安全控制。确定建设工程项目施工安全目标；编制建设工程项目安全保证计划；建设工程项目安全计划实施；建设工程项目安全保证计划验证；建设工程项目安全计划持续改进；兑现合同承诺。

（5）建设工程项目成本控制。施工企业进行建设工程项目成本预测；项目经理部编制建设工程项目成本计划；项目经理部实施建设工程项目成本计划；项目经理部进行成本核算；项目经理部进行成本分析并编制月度以及项目的成本报告；编制成本资料并按规定存档。

（6）建设工程项目生产要素管理。项目人力资源管理；项目材料管理；项目机械设备管理；项目技术管理；项目资金管理。

（7）建设工程项目合同管理。招标投标中的管理；包括策划、投标、中标、签订项目的施工合同；合同实施控制；合同变更管理；索赔管理。

（8）建设工程项目信息管理。确定组织成员之间的信息流；确定信息的形式、内容、传递方式、时间和存档；进行信息处理过程的控制；与外界交流信息。

（9）建设工程项目现场管理。制订现场管理规划；规范场容；环境保护；防火安全；卫生防疫和其他事项。

（10）建设工程项目组织协调。内部关系的组织协调；近外层关系和远外层关系的组织协调。

（11）建设工程项目竣工验收。竣工验收准备；编制竣工验收计划；组织现场验收；进行竣工结算；移交竣工资料；办理交工手续。

（12）建设工程项目考核评价。制订考核评价方案，经企业法定代表人审批后实行；听取项目经理部汇报，查看项目经理部的有关资料，对项目管理层和劳务作业层进行调查；考察已完工程；对项目管理的实际运作水平进行考核评价；提出考核评价报告；向被考核评价的项目经理部公布评价意见。

（13）建设工程项目回访保修。编制回访工作计划；执行回访并填写回访记录；根据工程质量保修书具体约定内容保修。

2. 建设工程项目管理的程序。建设工程项目实行过程遵循相关的程序，对项目的管理也必须随项目的进展情况有序进行，建筑施工项目的管理应遵循以下程序。

（1）编制项目管理规划大纲。

（2）编制投标书并进行投标。

（3）签订施工合同。

（4）选定项目经理。

（5）项目经理接受企业法定代表人的委托组建项目经理部。

（6）企业法定代表人与项目经理签订"项目管理目标责任书"。

（7）项目经理部编制"项目管理实施计划"。

（8）进行项目开工前的准备。

（9）施工期间按"项目管理实施规划"进行管理。

（10）在项目竣工验收阶段进行竣工结算，清理各种债权、债务，移交资料和工程。

（11）进行经济分析。

（12）做出项目管理总结报告，并送企业管理层有关职能部门。

（13）企业管理层组织考核委员会对项目管理工作进行考核评价，并兑现"项目管理目标责任书"中的奖惩承诺。

（14）项目经理部解体。

（15）在保修期满前企业管理层根据"工程质量保证书"的约定进行项目回访与保修。

第二节　工程项目组织

一、组织的含义

现代社会每个人都生活和工作在组织中，组织无时不在、无处不在。那么，如何定义组织呢？

"组织"一词的含义比较广泛，国内外有许多论述。例如，霍奇和安东尼将组织定义为："两个以上或更多的人为实现一个或一组共同的目标协同工作而组成的集合。"纳巴得则将组织定义为："一个多人紧密协作的所有活动的系统，这些活动是紧密的，并且是在预先确定的和有目的的协作下进行的。"无论各位专家如何定义组织，从本质上来讲"组织"有两层含义。其一，组织的名词性，表示一个实体、一群人为了实现某种目标，按照某种形式或制度结合在一起的具有正式关系的一个集合。这群人有一定的专业技术、管理技能，有明确的管理层次，具有相对稳定的职务结构和职位结构，如项目组织、文艺组织等。其二，组织的动词性，表示一个过程，人们为达到一定的目的，通过一定的权力体系和影响力，对所需要的资源进行合理配置，对活动行为进行筹划、安排、控制、检查等工作，如组织一次大型文艺活动或一场比赛等。

通过以上论述可以发现，"组织"一词的具体含义针对不同使用环境和使用场合而不同。将"组织"和"项目"一词结合起来就可以把"项目组织"定义为："人们为了实现项目目标，通过明确分工协作关系，建立不同层次的责任、权利、利益制度而构成的从事项目具体工作的运行系统。"

二、施工项目组织

（一）施工项目组织的概念

施工组织是指建筑施工项目的参加者、合作者为了实现施工项目的目标，按一定规则或规律建立起来的群体。

（二）合作者

施工项目组织合作者一般包括项目所有者、项目管理者、项目专业承包商、政府机构、项目驻地的环境。另外，在建筑施工项目组织中，施工项目组织合作者还可能包括项目的主管部门等。

1.项目所有者。项目所有者，通常被称为业主，是项目的发起者，居于组织的最高层，对整个项目负责，最关心的是项目整体经济效益。项目所有者对项目的管理体现在以下几方面。

（1）决策职能。做项目战略决策，如确定项目整体概况、生产规模等。

（2）计划职能。围绕项目建设全过程、总目标做整体计划，用动态计划协调与控制整个施工项目。

（3）组织职能。选择项目经理和承包单位，建立项目管理组织机构。

（4）协调能力。协调项目实施中各相关层次、相关部门之间的关系，确保系统能够正常运行。

（5）控制职能。在实现建筑施工目标过程中，不断通过决策、计划、协调和信息反馈等手段对成本、进度、质量进行宏观控制，确保目标实现。

2.项目管理者。项目管理者由业主选定，负责项目实施中的具体事务管理工作。实现业主投资意图，保护业主利益，保证项目整体目标实现。一般情况下，业主可以委托独立的施工项目的监理部门作为项目管理者，监理对项目的管理主要体现在以下几方面。

（1）费用控制。协助业主正确做出投资决策。

（2）工期控制。

（3）质量控制。

（4）合同管理。

3.项目专业承包者。项目专业承包者是项目实施者，负责项目的具体实施，主要目的是在满足合同规定的时间、费用和质量的要求下，实现预期的施工项目的承包利润，其主要任务和职能包括以下几方面。

（1）建立施工组织管理组织，选聘项目经理，选择适当的组织形成，组建项目管理机构，编制项目管理制度。

（2）编制施工项目管理计划。

（3）进行施工项目目标控制。按合同规定完成自己所承担的项目任务，并进行进度、质量、成本、安全、现场等管理。

（4）进行施工项目承包合同管理和信息管理。

（5）遵守项目管理规则。

4.政府机构。政府为了履行社会管理职能，由有关的政府机关以相关法律为依据对施工项目进行强制性的监督和管理。政府的管理职能贯穿于施工项目的全过程，主要内容包括以下几点。

（1）建设用地、规划、环境保护管理。

（2）建设规划管理。

（3）环境保护管理。

（4）建筑防火防灾（防震、防洪等）管理。

（5）有关技术标准、技术规范等遵照情况的审核。

（6）建设程序管理。

（7）施工中的安全、卫生管理以及建成后的使用许可管理。

5.项目驻地环境。项目驻地环境是指施工项目建设地点的自然条件和驻地居民。驻地自然条件的好坏以及驻地居民的合作态度对项目的实施有很大的影响。

三、施工项目管理组织机构

（一）施工项目管理组织机构的含义

施工项目管理组织机构是指表现构成管理组织的各要素（人员、职位、部门、级别等）的排列顺序、空间位置、聚集状态、联系方式以及相互关系的一种形式，一般以框图的形式进行表达。

（二）施工项目管理组织机构的设计原则

一个合理的组织机构应该能够随着外部环境的变化而适时调整，为项目管理者创造良好的管理环境，有利于更有效地实现管理目标。因此，组织机构的设计非常重要，必须遵守一定的原则。

1.目标性原则。任何一个组织的设立都有其特定的任务和目标，没有任务和目标的组织是不存在的。因此，在进行组织机构设计时必须遵守这一原则。项目管理者应对管理组织认真分析，围绕任务和目标确立需要设置的人员、职位、部门、职能等要素。另外，组织在随外部环境变化而对其内部要素进行调整、合并和取消时也必须遵守目标性的原则，以是否有利于实现其任务目标作为衡量组织机构的标准。

2. 系统化管理的原则。项目自身具有系统化的原则，因此，在组织设立时应体现系统化，即组织要素之间既要分工协作又必须统一命令。分工协作是指为了提高专业化管理程度和工作效率，将管理任务目标分解到人、到位，同时各人各岗位之间必须相互协作，共同完成管理目标。分工越细，专业化水平越高，责任越明确，工作效率也越高。但由于部门机构繁多，工作交接多，相互之间的沟通较难，因此，对协作提出了更高的要求。在管理过程中，要想做好分工协作，提高效率就必须统一命令，建立严格的管理责任制和逐层负责制，保证政令畅通。

3. 管理跨度和管理层次适中的原则。管理跨度是指一个领导者直接指挥、监督下一层组织单元的数量；管理层次是指从最高领导者到最下一层组织单元之间的等级次数，两者呈反比关系。管理跨度越大，领导者的负担越重，决策越易失控；管理层次越多，管理费用越高，命令传达越容易出错，信息沟通越复杂。因此，在组织机构设计时，一定要综合考虑，建立一个规模适度、结构简单、层次较少的高效组织机构。

4. 责、权、利相平衡的原则。组织内部有了明确的分工就意味着每一个人或职位要承担一定的责任，而组织成员要完成责任就必须拥有相应的权利，同时必须享受相应的利益。在组织设计时，应该考虑到以下两点：第一，一个人所担负的责任应与它所拥有的权利和所享受的待遇相一致；第二，同一层次人员之间的责权利相平衡。苦乐不均、忙闲不均不利于调动人员积极性，更不利于管理，难以保证管理目标的实现。

5. 精简高效的原则。精简高效是任何一个组织建立时都力求达到的目的。组织成员越多，管理费用就越高，而且越不利于组织运转。当然精简不是专指人少，而是应做到人员少而精。因此，精简的原则是在保证完成组织任务的前提下，尽量简化机构，选用精干的队伍，选用"一专多能"的人员。这样才有利于提高组织工作效率，更好地实现组织管理目标。

6. 稳定性和灵活性相结合的原则。组织建立的任务和目标是进行一些有效的活动，这就要求组织必须处于一种相对稳定的状态。随着项目实施的进展，管理目标有所改变，组织的任务目标也应发生变化，组织机构就必须适时调整，有针对性地对组织因素进行适当调整，以适应新的管理要求。一成不变的组织不可能创造出业绩，也不可能完成管理目标。因此，组织机构形式的设立必须在稳定的基础上灵活改变，提高组织适应性。

四、施工项目组织结构的基本形式

根据项目规模和外部环境不同，组织结构的形式也多种多样。随着社会生产力水平的提高和科学技术的发展，还将产生新的结构形式。每一种结构形式都有利有弊。建筑施工企业应根据施工项目的特点，结合企业自身特点及合同要求，选择合适的组织结构形式。常见的组织结构形式有直线型组织结构、职能型组织结构、直线参谋型组织结构、直线职能参谋型组织结构、矩阵型组织机构等。现简单介绍两种应用较普遍的组织结构形式。

（一）直线型组织结构

直线型组织结构是最简单的一种组织结构形式，组织内各级呈直线关系。各组织单元只接受一个直接上级的指令，只对一个上级负责。组织内责权分明，秩序井然，命令统一，工作效率高，但相互之间缺少协调工作。直线型组织结构如图 1-1 所示。

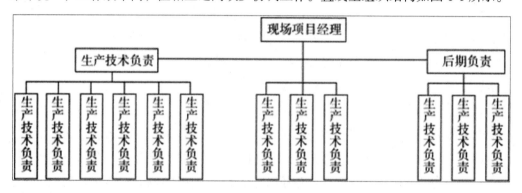

图1-1　直线型组织结构

（二）矩阵型组织结构

一个企业同时承担许多项目的实施和管理，各项目的规模不同，复杂程度也不同。这时简单的组织结构形式已经不再适应，一般采用矩阵型组织结构形式。这种组织结构形式既有按职能划分的纵向组织部门，也有按项目划分的横向部门。组织中专业人员既接受本部门领导，也接受项目经理部领导。这种组织结构加强了各职能部门的横向业务联系，专业人员、设备得到充分利用，有利于资源优化，具有较大适应性和灵活性。但是人员受双重领导，难以统一命令，出现问题也难以查清责任。因此，必须授予项目负责人充分的权利。矩阵型组织结构，如图 1-2 所示。

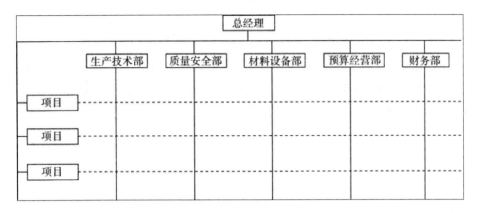

图1-2　矩阵型组织结构

第三节　项目经理和项目经理部

一、项目经理

（一）项目经理的含义

工程项目是一种特殊又复杂的一次性活动，涉及人员、材料、机械设备、环境、技术、资金等多方面因素。为了更好地对施工项目进行计划、组织、监督、控制和协调，提高工作效率，达到管理目标，必须设立项目经理。《建设工程项目管理规范》（GB/T50326—2017）规定：工程总承包企业应建立与工程总承包项目相适应的项目管理组织，并行使项目管理职能，实行项目经理负责制。同时，指出"项目经理是组织法定代表人在建设工程项目上的授权委托代理人"。1995年住建部颁发的《建筑施工企业项目经理资质管理办法》中指出："施工企业项目经理，是指受企业法定人代表人委托对工程项目施工过程全面负责的项目管理者，是建筑施工企业法定代表人在工程项目上的代表人。"这就决定了项目经理是项目实施的最高领导者、组织者和责任者，在项目管理中起着决定性作用，是决定项目成败的关键人物。在项目实施管理过程中，项目经理既要对业主负责，实现项目成果性目标，也要对施工企业负责，实现项目效率性目标。

（二）项目经理的责、权、利

项目经理具有根据企业法定代表人授权的范围、时间和内容，对施工项目自开工准备至竣工验收实施全过程全面管理的权利，对项目负责，同时享受相应的利益。

1.项目经理的责任。我国实行项目经理负责制,项目经理是项目的第一负责人。《建筑施工企业项目经理资质管理办法》第七条规定了项目经理的四项职责:第一,贯彻执行国家和工程所在地政府的有关法律、法规和政策,执行企业的各项管理制度,如《中华人民共和国建筑法》《中华人民共和国合同法》《中华人民共和国招标投标法》《建设工程质量管理条例》等;第二,严格财经制度,加强财经管理,正确处理国家、企业与个人的利益关系;第三,执行项目承包合同中由项目经理负责履行的各项条款;第四,对工程项目施工进行有效控制,执行有关技术规范和标准,积极推广应用新技术,确保工程质量和工期,实现安全、文明生产,努力提高经济效益。

具体来讲,项目经理的职责主要包括以下几点。

(1)代表企业实施施工项目管理。贯彻执行国家法律、法规、方针、政策和强制性标准,执行企业的管理制度,维护企业的合法权益。

(2)完成"项目管理目标责任书"规定的任务。"项目管理目标责任书"包括下列内容:企业各业务部门与项目经理部之间的关系;项目经理部使用作业队伍的方式、项目所需材料供应方式和机械设备供应方式,应达到的项目进度目标、项目质量目标、项目安全目标和项目成本目标;在企业制度规定以外的由法人向项目经理委托的事项;企业对项目部人员进行奖惩的依据、标准、办法以及应承担的风险;项目经理解职和项目经理部解体的条件以及方法。

(3)组织编制项目管理实施规划。

(4)对进入现场的生产要素进行优化配置和动态管理。

(5)建立质量管理体系和安全管理体系并组织实施。

(6)在授权范围内负责与企业管理层、劳务作业层、各协作单位、发报人、分包人和监理工程师等的协调,解决项目中出现的问题。

(7)按"项目管理目标责任书"处理项目经理部与国家、企业、分包单位以及职工之间的利益分配。

(8)进行现场文明施工管理,发现和处理突发事件。

(9)参与工程竣工验收,准备结算资料和分析总结,接受审计。

(10)处理项目经理部的善后工作。

(11)协助企业进行项目检查、鉴定和评奖申报。

2.项目经理的权利。项目经理对项目负责,必须授予其完成任务的权利条件。项目与项目经理的权力由企业法定代表人授予。

项目经理应具有以下几方面权利。

(1)参与企业进行的施工项目投标和签订施工合同。

(2)经授权组建项目经理部,确定项目经理部的组织结构,选择、聘任管理人员,确定管理人员的职责，并定期进行考核、评价和奖惩。

（3）在企业财务制度规定的范围内，根据企业法定代表人授权和施工项目管理的需要，决策资金的投入和使用，决定项目经理部的计酬办法。

（4）在授权范围内，按物资采购程序性文件的规定行使采购权。

（5）根据企业法定代表人授权或按照企业的规定选择、使用作业队伍。

（6）主持项目经理部工作，组织制定施工项目的各项管理制度。

（7）根据企业法定代表人授权，协调和处理与施工项目管理有关的内部及外部事项。

3. 项目经理的利益。

（1）获得基本工资、岗位工资和绩效工资。

（2）除按"项目管理目标责任书"可获得物质奖励外，还可表彰、记功，或授予优秀项目经理等荣誉称号。

（3）经考核和审计，为完成"项目管理目标责任书"确定的项目管理责任目标或造成亏损的，应按其中有关条款承担责任并接受经济或行政处罚。

（4）对项目经理进行培养，进行工程技术、经济、管理、法律和职业道德等方面的继续教育与能力培养，有条件的企业还应选择优秀的项目经理参加全国的管理研究班或者到国外考察或者参加短期培训，不断提高项目经理的能力。

（三）项目经理的素质要求

1. 项目经理应具有符合施工项目管理要求的能力。施工项目本身就是一个复杂的事物，涉及业主、监理、企业内部、分包商、供应商、政府机构（主要是质量监督部门）等各方面，因此，作为项目经理必须具有协调能力。尤其是与业主的协调更应注意做到重信誉、讲质量、友好相处，创造共同的利益。另外，施工项目受到人员、材料、机械设备、环境、施工方法、资金等因素的影响，同时还存在许多未知的风险（如政治风险、经济风险、自然风险、合同风险等）。因此，项目经理应具有宏观调控能力，具备资源合理分配（即优化）的能力，以人为本，运用科学的计划管理手段建立有效的均衡生产秩序。带领班子成员同舟共济，处理好内外部关系，成功地完成项目。

2. 项目经理应具备相应的施工项目管理经验和业绩。项目经理除要求具有一定的知识水平、较高的管理才能外，还必须有丰富的实践经验和业绩。《建筑施工企业项目经理资质管理办法》规定：一级项目经理担任过一个一级建筑施工企业资质标准要求的工程项目，或两个二级建筑施工企业资质标准要求的工程项目施工管理工作的主要负责人，并已取得国家认可的高级或者中级专业技术职称者；二级项目经理担任过两个工程项目，其中至少一个为二级建筑施工企业资质标准要求的工程项目施工管理工作的主要负责人，并已取得国家认可的中级或者初级专业技术职称者。对三级、四级项目经理的规定在此不再赘述。

实践经验不是先天就有的，也不是从书本或课堂上可以完全获得的，而是必须在实际工程中向有经验者求教，学习他们的技能、经验，并结合自身特点不断从实践中吸取经验，不断积累，最终成为高级项目经理。

3.项目经理应具有必备的知识结构。项目经理应具有承担施工项目管理任务的专业技术知识，应该是土木工程专业的内行，能够鉴别项目的工艺设计、设备选型、安装调试并且熟悉土建施工技术；同时，还必须有较广的知识面，具备一定的专业管理、经济和法律、法规知识。学习和掌握工程项目管理、决策论、运筹学理论、网络技术、价值工程和质量管理、领导科学、合同法等相关知识。

4.项目经理应具有良好的道德品质。建筑施工项目具有一次性等特点，成功与否取决于项目经理的能力和工作态度。因此，项目经理必须具有良好的职业道德，工作积极认真、任劳任怨、勇于挑战、敢于承担责任，公平正直，具有合作精神。

5.项目经理应具有强健的身体。建筑施工项目是露天作业，受季节限制，工期紧、任务重，项目经理工作非常繁忙，生活条件和工作条件都非常艰苦。因此，项目经理必须具有健康的体魄、充沛的精力、顽强的毅力、豁达的心胸和献身精神。

（四）项目经理的挑选

施工项目经理是决定施工项目成败的关键人物，因此，选择合适的项目经理是非常重要的。项目经理的选择必须遵守一定的原则，并且按一定的程序进行。选择项目经理应坚持：选择方式必须有利于人才选拔，项目经理产生的程序必须具有一定的资质审查和监督机制，最后决定权属于企业法定代表人，逐步采用从人才市场上竞争上岗的选拔和聘任方式。

二、项目经理部

施工企业按一定原则选好项目经理后，项目经理应根据项目的规模、特点及复杂程度组建项目经理部。对项目经理部建立的规定如下：大中型施工项目的承包人必须在施工现场设立项目经理部，并根据目标控制和管理的需要设立专业职能部门；小型项目一般也应设立项目经理部，但应简化。如果企业法定代表人决定由其他项目经理部兼管也可以不单独设计项目经理部，但委托兼管应征得项目发包人的同意，并不得削弱兼管者的项目管理责任。

（一）项目经理部的设立

施工企业决定在施工现场设立项目经理部后，应按下列步骤进行。

1.确定项目经理部的管理任务和组织形式。根据企业批准的"项目管理规划大纲"确定项目经理部的管理任务和组织形式，组织形式根据施工项目的规模、结构复杂程度、专业特点、人员素质和地域范围确定，并应符合下列规定：

（1）大中型项目宜按矩阵型项目管理组织设置项目经理部。

（2）小型项目宜按直线职能参谋型项目管理组织设置项目经理部。

项目经理不经过企业法定代表人批准正式成立后，应以书面文件通知发包人和总监理工程师。

2.确定项目经理部的层次，设立职能部门与工作岗位。施工项目经理部的层次、职能部门与工作岗位设置，要贯彻因事设岗、有岗就有责任和目标要求的原则，明确各岗位的责、权、利和考核标准。中小型的工程项目管理部通常设有项目经理、专业工程师、合同管理人员，成本管理人员、信息管理人员、秘书等，有时还设有采购人员、库存管理人员等；大型项目设项目经理部，下设计划部、技术部、合同部、财务部、供应部、办公室等。

3.确定人员、职责、权限。项目经理部的人员配置应满足施工项目管理的需要。

4.目标分解。由项目经理根据"项目管理目标责任书"进行目标分解。

5.制定各项规章制度。组织有关人员制定规章制度和目标责任考核、奖惩制度。

（二）项目经理的规章制度

1.项目管理人员岗位责任制度。

2.项目技术管理制度。

3.项目质量管理制度。

4.项目安全管理制度。

5.项目计划、统计与进度计划管理制度。

6.项目成本核算制度。

7.项目材料、机械设备管理制度。

8.项目现场管理制度。

9.项目分配与奖励制度。

10.项目例会与施工日志制度。

11.项目分包及劳务管理制度。

12.项目组织协调制度。

13.项目信息管理制度。

项目经理部自行制定的规章制度与企业现行的有关规章制度不一致时，应报送企业或其授权的职能部门批准。

（三）项目经理部的运行

1.项目经理部应组织项目经理部成员学习项目的规章制度，检查执行情况和效果，并应根据反馈信息改进管理。

2.项目经理和成员一起参加项目管理，发现问题，共同制订对策，解决问题。

3.项目经理应根据项目经理人员岗位责任制度对管理人员的责任目标进行检查、考核和奖惩。

4.项目经理部应对作业队伍和分包人实行合同管理，项目经理部对分包人的作业技术活动有权进行指导、帮助和检查；分包人应按项目经理部的要求，通过自主作业管理，正确履行分包合同。

5.当工程竣工，与企业管理层办理了有关手续后，项目经理部解体。解体时，应与企业管理层办理手续，主要是向相关职能部门交接清楚项目管理文件资料、核算账册、现场办公设备、公章保管、领借的工器具以及劳防用品、项目管理人员的业绩考核评价材料等。

第四节　工程项目规划

一、工程项目规划的含义

为了使项目管理活动富有成效地开展，必须事先做好项目规划。项目规划是一个过程，它确定项目预达到的目标，估计围绕目标实现过程中会遇到的问题，并提出解决问题的有效方案、方针、措施和手段。

1.项目规划要结合实际。项目规划要具有可行性，在确定、安排实现项目目标所必需的各种活动和工作成果时，必须考虑到实际工作中的影响因素，如环境因素影响包括人力资源、自然资源、现场情况、气候条件等；施工项目本身的特点包括工程规模、复杂程度、质量水平等。

2.项目规划要满足经济性的要求。项目规划的目的不仅是要求项目的实施具有较高的经济效益，而且要求具有较高的社会效益，即成本低、质量好、收益高。在做项目计划时必须提出多个方案进行经济分析，通过多角度比较，选择最优方案。

3.项目规划要具有弹性。项目规划是建立在预定的项目目标和实施方案、以往的工程经验、环境状况以及对未来合理预测的基础上的，因此，规划中人为因素较多，在实际的项目实施过程中，存在许多不确定因素和风险，如市场变化、环境变化、气候影响、设计变更、经济风险、政治风险等。这就要求在制订项目规划时，必须留有一定的余地，在实际情况发生变化时，能够提出高效的施工方案，使项目实施适应新的情况。

二、工程项目规划的内容

（一）进度计划

施工进度计划是表示施工项目各分部工程、分项工程的施工顺序，开始、结束时间、持续时间以及相互衔接关系的计划，确保及时完成施工任务。

进度计划主要包括以下几个方面内容。

1. 安排并确定各项施工活动之间的逻辑关系与工作排序。

2. 根据每一项施工活动所需的资源、具体的施工条件，估计各项施工活动的持续时间。

3. 按总进度目标及活动持续时间编制施工进度计划，将施工活动的各时间参数和相互关系联系起来，形成网络图。

4. 制订进度计划管理的有关规定，以方便进度计划实施过程中的检查与调整。

（二）成本计划

施工项目成本是建筑施工企业为了完成施工项目的安装工程任务所耗费的各项费用的总和，包括直接成本和间接成本。成本计划将整个项目的工程成本分解到项目活动中，用以检查项目实际执行情况，是成本控制的主要依据。

一个完整的施工项目成本计划主要包括以下几方面内容。

1. 各个成本对象的计划成本值。

2. 成本—时间表和曲线，即成本的强度计划曲线，表示各时间段上工程成本的计划完成情况。

3. 累计成本—时间表和曲线，即 S 曲线或香蕉线，也被称为项目的成本模型。

4. 相关的其他计划，如资金的支付计划、工程款收入计划、现金流量计划和融资计划等。

（三）质量计划

项目质量计划是确定项目应当采用哪些质量标准以及如何达到质量标准的规定。

制订成本计划要综合考虑质量、进度、成本三者之间的关系。

施工项目质量计划主要包括以下几方面内容。

1.质量方针、质量验收标准和规范。

2.为了达到质量标准制订的质量管理计划，包括质量管理的组织机构、责任分配、控制程序、检验方法、实施过程和资源保证等。

3.质量管理计划实施说明。

4.检查表格是用于对施工项目质量管理计划执行情况进行检查和核对的工具。

（四）资源计划

资源计划是决定每一个工作的实施需要什么样的资源以及需要多少资源，将资源按正确的时间、正确的数量供应到正确的地点，并尽量降低成本的消耗。

资源计划主要包括以下几方面内容。

1.资源的使用计划，包括劳动力的使用、招聘、培训计划，以及机械设备的使用、采购、维护、租赁计划等。

2.资源的供应计划，包括劳动力供应计划、材料供应计划、设备供应计划、物资供应计划、采购订货计划、运输计划等。

3.资源的管理和优化。

（五）其他计划

其他计划包括现场总平面布置计划、后勤管理计划等。

第二章　工程项目质量管理

第一节　工程项目质量管理概述

工程项目是指企业自工程施工投标开始到保修期满为止的全过程完成的项目。项目建设的目的是为人们提供满足生产和生活需要的场所，是否能满足人们的需要一般用质量进行衡量。确保项目质量的最有效方法就是对建筑工程进行质量控制。工程质量控制是建筑工程项目管理的核心，是决定建设成败的关键。

一、工程项目质量的概念

"百年大计、质量第一"一直是我国强调贯彻执行的方针。工程建设项目投资大，需要耗费大量的人力、物力和财力，并且建筑物是一种较特殊的产品，建筑产品的质量不仅影响建筑物的使用寿命和维修费用工程建设项目质量的好坏，也直接影响人们的生产和生活适用性，关系到人民生命财产的安全。另外，工程质量的优劣直接关系到企业的利益、行业的兴衰、国家的命运、民族的未来，影响国民经济的顺利进行。产品质量的好坏是由生产过程决定的，建筑产品的生产过程就是项目施工阶段，项目施工阶段要控制项目的成本、进度、质量。成本和进度的控制必须是在满足质量要求的前提下进行的。因此，在整个施工阶段必须严格控制质量。

（一）广义的质量含义

根据《建设工程项目管理规范》（GB/T50326—2017）的规定，项目质量控制应按《质量管理体系基础和术语》（GB/T19000—2016）和企业质量管理体系的要求进行。《质量管理体系基础和术语》（GB/T19000—2016）规定，质量的定义为："组织的产品和服务质量取决于满足顾客的能力，以及对有关相关方的有意和无意影响。产品和服务的质量不仅包括其预期的功能和性能，而且还涉及顾客对其价值和受益的感知。"该定义中，"产品、过程和服务"是质量的主体。

在合同环境或法律环境中，由顾客用户明确提出并通过合同、标准、规范、图纸、技术文件做出明文规定，由生产企业保证实现的各种要求或需要。

在非合同环境或市场环境中，用户未提出或未明确提出要求，而由生产企业通过市场调研进行识别与探明的种种隐蔽性要求或需要。这种隐含性的要求包含两层含义：一是指用户或社会对产品、服务的"期望"；二是指人们所公认的，不言而喻的、不必做出规定的需要。例如，住宅实体能满足人们最起码的居住功能就属于"隐含需要"。

（二）产品质量

产品是"活动或过程"的结果。产品分为有形产品和无形产品。产品质量是指产品满足人们在生产生活中所需要的使用价值及其属性。产品质量具有相对性，衡量质量的标准因时而异，对质量的满足程度因人而异。

（三）工程项目质量

1. 工程项目质量的定义

工程项目质量是指通过项目施工全过程所形成的，能够满足用户或社会需求，并根据工程合同、有关技术标准、设计文件、施工规范等具体详细设定其安全、适用、耐久、经济、美观等特性要求的工程质量以及工程建设各阶段、各环节的工作质量总和。

2. 工程项目质量定义的内涵

工程项目是多变的，业主对工程质量的需求也是不同的，质量标准和规范也随着社会的进步和科学技术的发展而不断发生变化，但对工程建设质量的基本要求是一致的。因此，工程项目质量的主要内涵通常表述如下。

（1）在项目前期阶段设定所建设项目的规格、质量标准。

（2）在建筑设计和施工阶段确保工程结构与施工的安全性及可靠性。

安全性是指工程在使用过程中的安全程度。各类建筑物在规定的荷载下，在一定的使用期限内，应满足强度和稳定性的要求，并具有足够的安全系数。

可靠性是指工程在规定的时间内和规定的条件下，完成规定的功能能力的大小和程度。满足质量要求的工程，不仅在竣工验收时达标，在一定使用期限内也应具备正常功能。

（3）提出满足建设项目耐久性要求的保障，以及对与耐久性有重大关系的建筑材料、设备、工艺、结构质量提出要求。

耐久性是指工程的使用寿命。工程寿命是指建筑工程在规定的条件下，能正常发挥其设计功能的总时间，即服务年限。

（4）对建设项目的其他方面提出相应的要求，如美观性（外观造型、装修装饰）、经济性、与环境的协调性、可维护性、可检查性、可持续性等。

经济性是指工程在寿命周期内费用的多少，一般要求造价低、维修费用少。

（5）要求建设工程建成投入使用时能达到预定的质量标准，满足合同要求与隐含要求。

二、工程项目质量的特点

建筑物是一种特殊的产品。它的生产过程（即项目施工过程）错综复杂，工程项目质量的特点取决于建筑产品本身的特殊性和施工过程的复杂程度。

（一）建筑产品本身的特殊性

建筑产品本身的特殊性主要包括以下几个方面。

1. 产品多样性。建筑工程形式多样，所采用的结构类型不一，内部格局千变万化。

2. 空间固定性。建筑工程建成后一般不再移动，位置相对固定。

3. 体积庞大性。建筑工程占据广阔空间。

（二）施工过程的特点

1. 单件性。目前，建筑工程还处于工业化初级阶段，大部分工作是在施工现场完成的，属于单件生产过程，只有少部分构件是在工厂预制、现场安装的。

2. 露天性。建筑工程施工过程中受到自然条件的影响，如风、雨、雪、温度的影响。

3. 生产周期长。建筑工程施工一般在几个月以上。

4. 流水施工。

5. 程序繁多，涉及面广，工序交接复杂。

（三）工程项目质量的特点

1. 工程项目质量形成过程复杂。项目建设过程就是项目质量形成的过程。项目建设过程包括立项报建、可行性研究、建设地点选择、编制勘察设计任务书、编制设计文件、工程招标与投标、建筑施工、竣工验收及交付使用。每个阶段对施工项目质量的形成都起决定性作用，因此，质量的形成过程比较复杂。

2. 影响工程项目施工质量因素多、质量水平波动性大。工程项目的施工不像工业产品生产有固定的自动性和流水性、有规范化的生产工艺和完善的检测技术、有成套的生产设备和固定的生产环境、有相同系列规格和相同功能的产品。建筑工程项目施工过程复杂、周期长，容易受到各种因素的影响，如设计、材料、机械设备、地质条件、气象、施工方法、管理制度、自然条件、工人技术水平、施工安全等因素影响。因此，项目质量水平波动性大。

3. 容易产生质量变异。质量变异是指由于各种质量影响因素发挥作用引起产品质量存在差异。质量变异分为正常变异和非正常变异。正常变异是指由偶然性因素引起的质量波动，如材料的材质不均匀、机械设备的正常磨损、操作微小变化、环境的微小波动等，其特点是无法或难以控制且符合标准规定；非正常变异是指系统性因素引起的质量波动，如使用材料的规格品种有误、施工方法不当、操作未按规程、机械故障、仪表失灵等，其特点是可控制、易消除。建筑施工项目涉及面广，任何环节、任何因素出现质量问题都将引起质量变异，造成工程质量事故。因此，在施工中要严防出现系统性因素的质量变异，将质量变异控制在偶然性因素范围内。

4. 容易产生第一、第二类判断错误。工程项目在施工过程中，由于工序交接多，中间产品多，隐蔽工程多，若不及时对其实质进行检查，仅在施工结束后检查表面，则容易把不合格产品认定为合格产品，产生第二类判断错误；或者在检查时不认真，测量仪器不准，读数有误，容易将合格产品认定为不合格产品，产生第一类判断错误。因此，在进行质量检查时应特别注意。

5. 项目施工质量评定局限性大。建筑工程项目建成后，不像某些工业产品可以拆卸或解体检查内在、隐蔽的质量，发现质量问题可以采取换件等方式解决处理，只能通过事中检查和事后验收评定质量，具有一定的局限性。

6. 项目质量受投资、进度影响。工程项目的质量通常受到投资、进度目标的制约。一般情况下投资大、进度慢，工程质量较好；投资少、进度快，工程质量较差。项目在施工过程中不能为了追求利润和进度而忽视质量，应做到"好、快、省"，即以最经济的投资、最快的速度建成质量最好的工程，这也是工程建设的最终目标。

三、工程施工质量控制目标分解

项目施工质量控制就是对其施工质量形成的全过程进行跟踪、监督、检查、检验和验收的总称。通常，项目施工质量是由工作质量、工序质量和产品质量构成的。因此，通常将控制目标分解为工作质量控制目标、工序质量控制目标、产品质量控制目标。

（一）工作质量控制目标

工作质量是指参与项目施工全过程的人员，为保证项目施工质量所表现的工作水平和完善程度。建筑工程在建设过程中，工作质量按内容可分为社会工作质量和生产过程工作质量。社会工作质量是指围绕质量而进行的社会调查、市场预测、质量回访等各项有关工作的质量；生产过程工作质量是指参与施工人员的管理工作质量、后勤保障工作质量、施工人员职业素质、职业道德工作质量、技术工作质量等。按照建筑工程建设实施阶段不同又可分为决策、计划、勘察、设计、施工、回访保修等各个不同阶段的工作质量。

项目施工工作质量一般是指生产过程工作质量，其控制目标可分解为管理工作质量、政治工作质量、技术工作质量、后勤工作质量。

（二）工序质量控制目标

工程施工过程都是通过一道道施工工序完成的。每道工序的质量决定了产品的质量，也影响其下一道工序的质量。因此，每道工序的质量必须满足下道工序要求的相应质量标准。工序施工是指在一定的环境下施工人员利用材料、机械设备，采取相应的施工方法进行建筑产品的生产。因此，工序质量控制目标可分解为人员、材料、机械、施工环境、施工方法。

（三）产品质量控制目标

工程项目质量是指通过项目施工全过程所形成的，能够满足用户或社会需要的并根据工程合同、有关技术标准、设计文件、施工规范等具体详细设定其安全、适用、耐久、经济、美观等特性要求的工程质量以及工程建设各阶段、各环节的工作质量总和。因此，产品质量控制目标可分解为安全可靠性、适用性、耐久性、经济性、美观性及环境协调性。工程项目施工质量控制目标分解如图 2-1 所示。

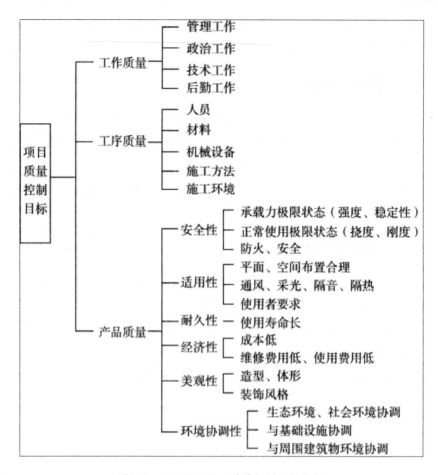

图2-1　工程项目施工质量控制目标分解

工作质量、工序质量、产品质量三者相互关联，密不可分。一般情况下，工作质量决定工序质量，工序质量决定产品质量。因此，必须通过提高工作质量来保证和提高工序质量，从而确保产品质量。

四、工程项目施工质量控制的原则和方法

（一）工程项目施工质量控制原则

1.坚持质量第一、用户至上的原则。建筑工程产品是一种特殊产品，使用年限较长，而且关系到人民生命财产安全和社会安定，一旦出现质量问题就会造成严重的后果。因此，应始终将"质量第一、用户至上"作为建筑工程质量管理的一条重要的基本原则。

2.以人为控制核心的原则。人是质量的创造者，建筑工程质量管理必须"以人为核心"，就是将人作为控制的动力，调动人的积极性、主动性和创造性，增强人的责任感，从而真正使"质量第一"的观念深入人心，通过提高人的素质，避免失误，最

终做到以人的工作质量确保工序质量以及以工序质量确保产品质量。

3.预防为主的原则。建筑工程产品具有不可拆卸性，质量评定难度大，质量问题带来的影响大，必须将质量事故消灭在萌芽状态，采取预防为主。预防为主就是将产品质量的事后检查变为事前控制、事中控制；将对最终产品的检验变为对工作质量、工序质量及中间产品的质量检查，这样才能确保建筑工程质量。

4.坚持质量标准，以及严格检查、一切用数据说话的原则。质量标准是衡量产品质量的依据，质量数据是质量管理的基础。工程产品质量是否达标必须经过严格检查，一切用数据说话。

5.恪守科学、公正、守法的职业道德，严格质量责任的原则。许多工程事故表明，在工程质量问题上任何疏忽极不负责任的行为均会导致严重的后果，因此，工程质量问题不仅仅是一种使用需要、信誉和效益，更应当上升到职业道德范畴，任何粗制滥造导致的质量事故并引起人身伤亡、财产损失从本质上讲就是犯罪。2001年1月30日起开始执行的《建设工程质量管理条例》对工程质量问题的处理办法已经做出详细规定，并特别强调：有关单位如有故意违反规定、降低工程质量标准、造成重大质量与安全事故的，须依据《中华人民共和国刑法》对有关直接责任负责人员追究其相应的刑事责任。因此，在处理质量问题过程中，应尊重客观事实、尊重科学，正直、公正、遵纪、守法，既要坚持原则也要实事求是。

（二）工程施工质量控制的方法

工程施工质量控制坚持"计划、执行、检查、处理"（PDCA）循环方法，如图2-2所示。

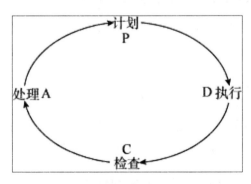

图2-2　施工质量控制循环方法

P——Play（计划）；D——Do（执行）；C——Check（检查）；A——Action（处理）

第二节 工程项目质量影响因素的控制

工程项目建设过程就是工程项目质量形成的过程，而工程建设过程要依次经过建设程序所规定的各个不同阶段，每个阶段对工程建设项目质量的形成都有一定的影响。因此，必须分析工程建设各阶段对工程项目质量的影响以及每个阶段的不同影响因素，以便采取有效的措施控制建筑工程质量。

一、工程建设各阶段对质量的影响

（一）可行性研究阶段对工程质量的影响

项目可行性研究是在项目决策之前，运用工程经济学原理对立项建议书所列内容进行分析和论证，具体包括对项目投资有关的技术、经济、社会、环境等各方面进行调查研究，在技术经济上分析、论证各种可能的拟建投资方案，研究在工艺技术上的先进性、适用性和可靠性，以及在经济上的合理性、有效性和可能性，科学预测和评价建成投产后的经济效益、社会效益、环境效益，确定项目建设的可行性，并提出最佳投资方案作为决策和设计依据。项目可行性研究阶段对项目质量产生直接影响。因此，必须严格控制该阶段的质量。

（二）决策阶段对工程项目质量的影响

项目决策主要是指制订工程项目的质量目标与水平，是从两个及其以上的可行性方案中选择一个合理方案的分析过程。通常，工程建设项目建设要求从总体上同时控制项目投资、质量和进度，三者相互制约。一般情况下，质量目标定得越高，投资越大，施工进度越慢。因此，在制订工程项目质量目标和水平时，应对投资目标、质量目标、进度目标三者进行综合平衡、优化，通过科学的决策制订出用户最满意的质量目标和水平，以确保质量目标的实现。因此，此阶段是影响工程建设质量的关键阶段。

（三）设计阶段对工程项目质量的影响

建筑工程设计是指通过建筑设计、结构设计、设备设计质量目标可以具体化，并指出达到工程质量目标的途径和具体方法。设计方案技术上是否可行、经济上是否合理、设备是否完善配套以及结构是否安全可靠，都将决定建成后项目的使用功能。因此，设计阶段是影响建设工程质量的决定性环节。没有高质量的设计就没有高质量的工程。

（四）施工阶段对工程项目质量的影响

工程建设项目施工阶段是根据设计文件和图样要求，通过相应的质量控制将质量目标和质量计划付诸实施的过程。这一阶段直接影响工程建设项目的最终质量，是影响工程建设项目质量的关键环节。

（五）竣工验收阶段对工程项目质量的影响

竣工验收是对工程项目质量目标的完成程度进行检验、评定和考核的过程。这一阶段是工程建设项目建设过程向生产使用过程发生转移的必要环节，体现的是工程质量水平的最终结果。不经过竣工验收，就无法保证整个项目的配套投产和工程质量；竣工验收不认真，就无法实现规定的质量目标。因此，工程竣工验收是影响工程建设项目的一个重要环节。

（六）使用保修阶段对工程质量的影响

施工项目是指企业自施工投标开始到保修期满为止的全过程中完成的项目。因此，一个项目不只是经过竣工验收就可完成的，还要经过使用保修阶段。此阶段要对使用过程中存在的施工遗留问题及发现的新质量问题进行巩固和改进，最终保证工程项目的质量。

二、工程项目质量影响因素的控制

影响建筑施工项目质量的因素主要有人员（Man）、材料（Material）、机械设备（Machine）、施工方法（Method）、施工环境（Environment）五个方面，即建筑工程中的4M1E。在施工过程中，应事前对这五个方面严加控制，在《建设工程项目管理规范》（GB/T 50326—2017）中明确规定"项目质量控制因素应包括人、材料、机械、方法、环境"。

（一）人员因素控制

人是指施工活动的组织者、领导者及直接参与施工作业活动的具体操作人员。人员因素的控制就是对上述人员的各种行为进行控制。

人员因素的控制方法主要包括以下几方面因素。

1. 充分调动人员积极性，发挥人的主导作用。人作为控制对象，要避免人在工作中的失误；作为控制的动力，要充分调动人的积极性，发挥人的主导作用。

2. 提高人的工作质量。人的工作质量是工程项目质量的一个重要组成部分，只有首先提高工作质量，才能确保工程质量。提高工作质量的关键在于控制人的素质，人的素质包括思想觉悟、技术水平、文化修养、心理行为、质量意识、身体条件等方面。要提高人的素质就要加强思想政治教育、劳动纪律教育、职业道德教育和专业技术培训。

3.建立相应的机制。在施工过程中，尽量改善劳动作业条件，建立健全岗位责任制、技术交底、隐蔽工程检查验收、工序交接检查等规章制度，运用公平合理、按劳取酬的人力管理机制激励人的劳动热忱。

4.根据工程实际特点合理用人，严格执行持证上岗制度。结合工程具体特点，从确保工程质量需要出发，从人的技术水平、人的生理缺陷、人的心理行为、人的错误行为等方面控制人的合理使用。例如，对技术复杂、难度大、精度高的工序或操作，应要求由技术熟练、经验丰富的施工人员完成；而反应迟钝、应变能力较差的人，则不宜安排其操作快速运动、动作复杂的机械设备；对某些要求必须做到万无一失的工序或操作，则一定要分析人的心理行为，控制人的思想活动，稳定人的情绪；对于具有危险的现场作业，应控制人的错误行为。

另外，在工程质量管理过程中，对施工操作者的控制应严格执行持证上岗制度。对无技术资格证书的人不允许进入施工现场从事施工活动；对不懂装懂、图省事、碰运气、有意违章的行为必须及时制止。

（二）材料因素控制

材料是指在工程项目建设中所使用的原材料、成品、半成品、构配件等，是工程施工的物质保证条件。

1.材料质量控制规定

（1）项目经理部应在质量计划确定的合格材料供应人名录中按计划招标采购原材料、成品、半成品和构配件。

（2）材料的搬运和储存应按搬运储存规定进行，并应建立台账。

（3）项目经理部应对材料、半成品和构配件进行标识。

（4）未经检验和已经检验为不合格的材料、半成品与构配件等，不得投入使用。

（5）对发包人提供的材料、半成品、构配件等，必须按规定进行检验和验收。

（6）监理工程师应对承包人自行采购的材料进行验证。

2.材料质量控制方法

材料质量是形成工程实体质量的基础，如果使用材料不合格工程质量也一定不达标。加强材料的质量控制既是保证和提高工程质量的重要保障，也是控制工程质量影响因素的有效措施。材料质量控制包括材料采购、运输，材料检验，以及材料储存和使用。

（1）认真组织材料采购。材料采购应根据工程特点、施工合同、材料的适用范围、材料的性能要求和价格因素等进行综合考虑。材料采购应根据施工进度计划要求适当提前安排，施工承包企业应根据市场材料信息及材料样品对厂家进行实地考察，同时施工承包企业在进行材料采购时应特别注意将质量条款明确写入材料采购合同。

（2）严格材料质量检验。材料质量检验的目的是通过一系列的检测手段，将所取得的材料数据与材料质量标准进行对比，以便事先判断材料质量的可靠性，再据此决定能否将其用于工程实体。材料质量检验的内容包括以下几点。

①材料质量标准。材料的质量标准是用以衡量材料质量的尺度，也是作为验收、检验材料质量的依据。不同材料都有自己的质量标准和检验方法。

②材料检验的项目。材料检验的项目分为：一般试验项目（通常进行的试验项目），如钢筋要进行拉伸试验、弯曲试验，混凝土要进行表观密度、坍落度、抗压强度试验；其他试验项目（根据需要进行的试验项目），如钢丝的冲击、硬度、焊接件（焊缝金属、焊接接头）的机械性能，混凝土的抗折、抗弯强度、抗冻、抗渗、干缩等试验。材料具体检验项目要由材料使用条件决定，一般在标准中有明确规定。

③材料的取样方法。材料质量检验的取样必须具有代表性，即所采取样品的质量应能代表该批材料的质量。因此，材料取样必须严格按规范规定的部位、数量和操作要求进行。

④材料的试验方法。材料质量检查方法分为书面检查、外观检查、理化检查、无损检查。

⑤材料的检验程度。根据材料信息和保证资料的具体情况，质量检验程度分为免检、抽检、全检三种。

免检：对有足够质量保证的一般材料，以及实践证明质量长期稳定且质量保证资料齐全的材料，可免去质量检验过程。

抽检：对材料的性能不清楚或对质量保证资料有怀疑，或对成批产品的构配件，均应按一定比例随机抽样进行检查。

全检：凡对进口材料、设备和重要工程部位的材料以及贵重的材料应进行全面检查。

对材料质量控制的要求：所有材料、制品和构配件必须有出厂合格证与材质化验单；钢筋水泥等重要材料要进行复试；现场配置的材料必须进行试配试验。

（3）合理安排材料的仓储保管与使用。在材料检验合格后和使用前，必须做好仓储保管和使用保管，以免因材料变质或误用严重影响工程质量或造成质量事故。如因保管不当造成水泥受潮、钢筋锈蚀；使用不当造成不同直径钢筋混用；等等。因此，做好材料保管和使用管理应从以下两个方面进行：一方面，施工承包企业应合理调度，做到现场材料不大量积压；另一方面，应切实搞好材料使用管理工作，做到不同规格品种材料分类堆放、实行挂牌标志。必要时设专人监督检查，以避免材料混用或将不合格材料用于工程实体中。

（三）机械设备因素控制

1. 机械设备控制规定

（1）应按设备进场计划进行施工设备的准备。

（2）现场的施工机械应满足施工需要。

（3）应对机械设备操作人员的资格进行确认，无证或资格不符合者严禁上岗。

机械设备包括施工机械设备和生产工艺设备两类。

2. 施工机械设备的质量控制

施工机械设备是实现施工机械化的重要物质基础，是现代化施工中必不可少的设备，对施工项目的质量、进度和投资均有直接影响。机械设备质量控制的根本目标是实现设备类型、性能参数和使用效果与现场条件、施工工艺、组织管理等因素相匹配，并始终使机械保持良好的使用状态。因此，施工机械设备的选用必须结合施工现场条件、施工方法工艺、施工组织和管理等各种因素综合考虑。施工机械控制包括以下几点。

（1）施工机械设备的选型。施工机械设备型号的选择应本着因地制宜、因工程制宜、满足需要的原则，既考虑到施工的适用性、技术的先进性、操作的方便性、使用的安全性，也要考虑到保证施工质量的可靠性和经济性。例如，在选择挖土机时，应根据土的种类与挖土机的适用范围进行选择。

（2）施工机械设备的主要性能参数。施工机械设备的主要机械性能参数是选择机械设备的基本依据。在选择施工机械时，应根据性能参数，并结合工程项目的特点、施工条件和已确定的型号具体进行。例如，起重机械的选择，其性能参数（起重量、起重高度和其中半径等）必须满足工程的要求，才能保证施工的正常进行。

（3）施工机械设备使用操作要求。合理使用机械设备，正确操作是确保工程质量的重要环节。在使用机械设备时应贯彻"三定"和"五好"原则，即"定机、定人、定岗位责任"和"完成任务好、技术状况好、使用好、保养好、安全好"。

3. 生产机械设备的质量控制

生产机械设备主要控制设备的检查验收、设备的安装质量和设备的试车运转，即要求按设计选择设备；设备进厂后，要按设备名称、型号、规格、数量和清单对照，逐一检查验收；设备安装要符合技术要求和质量标准；试车运转正常，能投入使用。因此，对生产机械设备的检查主要包括以下几个方面。

（1）对整体装运的新购机械设备应进行运输质量与供货情况的检查。对有包装的设备，应检查包装是否受损；对无包装的设备，应进行外观的检查及附件、备品的清点；对进口设备，必须进行全面检查。若发现问题应详细记录或照相，及时处理。

（2）对解体装运的自组装设备，在对总部件及随机附件、备品进行外观检查后，应尽快进行现场组装、检测试验。

（3）在工地交货的生产机械设备，一般都有设备厂家在工地进行组装、调试和生产性试验，自检合格后才提请订货单位复检，待复检合格后，才能签署验收证明。

（4）对调拨旧设备的测试验收，应基本达到完好设备的标准。

（5）对于永久性和长期性的设备改造项目，应按原批准方案的性能要求，经一定的生产实践考验，并经鉴定合格后方可验收。

（6）对于自制设备，在经过6个月生产考验后，按试验大纲的性能指标测试验收，决不允许擅自降低标准。

（四）施工方法因素控制

广义的施工方法控制是指对施工承包企业为完成项目施工过程而采取的施工方案、施工工艺、施工组织设计、施工技术措施、质量检测手段和施工程序安排等所进行的控制。狭义的施工方法控制是指对施工方案的控制。施工方案正确与否直接影响施工项目的质量、进度和投资。因此，施工方案的选择必须结合工程实际，从技术、组织、经济、管理等方面出发做到能解决工程难题，技术可行，经济合理，加快进度，降低成本，提高工程质量。它具体包括确定施工起点流向、确定施工程序、确定施工顺序、确定施工工艺和施工环境。

（五）施工环境因素控制

影响施工质量的环境因素较多，主要包括以下几点。

1. 自然环境，包括气温、雨、雪、雷电、风等。

2. 工程技术环境，包括工程地质、水文、地形、地震、地下水位、地面水等。

3. 工程管理环境，包括质量保证体系和质量管理工作制度。

4. 劳动作业环境，包括劳动组合、作业场所、作业面等，以及前道工序为后道工序提供的操作环境。

5. 经济环境，包括地质资源条件、交通运输条件、供水供电条件等。

环境因素对施工质量的影响有复杂性、多变性等特点，必须具体问题具体分析。例如，气象条件变化无穷，温度、湿度、酷暑、严寒等都直接影响工程质量；前一道工序是后一道工序的环境，前一分项工程、分部工程就是后一分项工程、分部工程的环境。因此，对工程施工环境应结合工程特点和具体条件严加控制。尤其是施工现场，应建立文明施工和文明生产的环境，保持材料堆放整齐、道路畅通，工作环境清洁，施工顺序井井有条，为确保质量、安全创造一个良好的施工环境。

第三节　工程项目施工质量计划

一、工程项目施工质量计划的编制

项目质量计划是指确定项目应达到的质量标准以及如何达到这些质量标准的工作计划与安排。施工项目质量是通过质量计划的实施所开展的质量保证活动达到的，而不是通过事后的质量检查得到的。项目质量管理是从对项目质量计划安排开始的，是通过对项目质量计划的实施实现的。因此，应满足下列要求。

1. 应由项目经理主持编制项目质量计划。

2. 质量计划应体现从工序、分项工程、分部工程到单位工程的过程控制，且应体现从资源投入到完成工程质量最终检验和试验的全过程控制。

3. 质量计划应成为对外质量保证和对内质量控制的依据。

二、工程项目施工质量计划的内容

质量计划应包括以下内容：

1. 编制依据。

2. 项目概况。

3. 质量目标。

4. 组织机构。

5. 质量控制与管理组织协调的系统描述。

6. 必要的质量控制手段、施工过程、服务、检验和试验程序等。

7. 确定关键工序和特殊过程以及作业的指导书。

8. 与施工阶段相适应的检验、测量、验证要求。

9. 更改和完善质量计划的程序。

三、工程项目施工质量计划的实施

项目质量控制是通过对项目质量计划的实施实现的。因此，在实施质量计划时应注意以下两点：

1. 质量管理人员应按照分工控制质量计划的实施，并按规定保存控制记录。因为质量计划所涉及的范围是建筑施工项目的全过程，所以对工序、分项工程、分部工程到单位工程全过程的质量控制，必须做到以质量计划为依据。施工项目的各级质量管理人员必须按照分工对影响工程质量的各环节进行严格控制，并按规定保存好质量记录、质量审核以及用于分析施工项目质量的图表等。

2. 当发生质量缺陷或事故时，必须分析原因、分清责任、进行改正。质量缺陷和质量事故具有复杂性、严重性、可变性和多发性等特点。项目施工质量问题轻者影响施工顺利进行，拖延工期，增加施工费用；重者给工程留下隐患，成为危房，影响安全使用；更严重的可能会引起建筑物倒塌，造成人员伤亡、财产损失。因此，一旦发生质量缺陷或质量事故，应按质量事故处理程序立刻停止有质量缺陷部位和与其有关联的部位以及下一道工序的施工，尽快进行质量事故调查分析，正确判断质量事故产生原因，研究制订事故处理方案，实施处理方案，分清质量责任。

四、工程项目施工质量计划的验证

在执行质量计划的过程中，要不断对质量计划的执行情况进行验证。

1. 项目技术负责人应定期组织具有资格的质量检查人员和内部质量审核员验证质量计划的实施效果，将实施效果与质量计划中的要求和控制标准进行对照，从而发现质量问题及隐患。当项目质量控制中存在问题或隐患时，采取项目质量纠偏措施，使项目质量保持在受控状态。

项目质量验证方法可分为自检、互检、交接检、预检、隐检等。每次验证应做出记录，并妥善保存。

2. 对重复出现的不合格和质量问题，不仅要分析原因、采取措施给予纠正，还要追究责任，责任人应按规定承担责任，并应依据验证评价的结果进行处罚。

第四节　工程项目质量管理的工具和方法

一、建筑工程项目质量管理的工具

在进行质量控制时，坚持"一切以数据说话"。数据是进行质量管理的基础，用数理统计的方法通过收集数据、整理质量数据，可以帮助人们分析、发现质量问题，以便及时采取措施进行处理。数理统计方法有直方图法、控制图法、相关图法、分层法、排列图法、因果分析图法、调查分析表法七种方法。现简单介绍在建筑工程施工中常用的几种方法。

（一）分层法

分层法也称分组法或分类法，是将收集到的数据按统计分析的目的和要求进行分类，通过对数据的整理将质量问题系统化、条理化，以便从中找出规律，发现影响质量因素的一种方法。

1.分层的原则

分层的方法，一般有以下几种。

（1）按不同施工工艺和操作方法分类。

（2）按操作人员或班组分类。

（3）按分部分项工程分类。

（4）按不同时间分类。

（5）按设备型号、生产组织分类。

（6）按材料成分、规格、供料单位及时间等分类。

（7）按其他因素分类，如工程性质、检查项目等。

2.案例

（1）某钢材焊接质量调查数据如下：调查点50个，其中不合格的有19个，不合格率为38%。试分析如何提高钢筋焊接质量。

为了查清不合格原因，需要进行分层收集数据。现查明，该批钢筋焊接操作者为三个人，焊条由两个厂家提供，因此，分别按操作者（表2-1）、焊条供应厂家（表2-2）以及两者综合分层（表2-3）进行分类。

表2-1 按操作者分类

操作者	不合格/个	合格/个	不合格率（%）
A	6	13	32
B	3	9	25
C	10	9	53
合计	19	31	38

表2-2 按供应焊条工厂分类

工厂	不合格/条	合格/条	不合格率（%）
甲	9	14	39
乙	10	17	37
合计	19	31	38

表2-3 综合分层分析焊条质量

操作者		甲厂	乙厂	合计
A	不合格	6	0	6
	合格	2	11	13
B	不合格	0	3	3
	合格	5	4	9
C	不合格	3	7	10
	合格	7	2	9
合计	不合格	9	10	19
	合格	14	17	31

从表2-3中可以看出，用甲厂的焊条，采取工人B的操作方法较好，可使钢筋焊接质量提高。

（2）对混凝土工程质量问题进行分析。

根据影响因素及各项影响因素所造成的经济损失进行分层，见表2-4。

表2-4 混凝土质量损失分层表

序号	质量问题类型	损失金额/元	所占比率（%）
1	混凝土强度不够	1300	54.2
2	蜂窝、麻面	700	29.2
3	露筋、保护层厚度不够	250	10.4
4	预埋件偏移	150	6.2
合计		2400	100.0

（二）排列图法

排列图法是将影响产品质量的因素由大到小用矩形表示出来（图2-3），又称巴氏图法或巴特列图法，也可称为主次因素分析法。

1.排列图的组成

（1）两个纵坐标：左纵坐标表示产品频数（不合格产品件数或造成金额损失数）；右纵坐标表示频率（不合格品件数或损失金额的累计百分率）。

（2）横坐标：影响产品质量的各因素或项目。按影响质量程度大小，由大到小从左到右排列，底宽相同。每个直方形的高度表示该因素的影响大小。

（3）巴特列曲线：表示各影响因素的累计百分数。根据巴特列曲线可将影响因素分为三级。

①类因素累积频率为 0 ~ 80%，是影响产品质量的主要因素；

②类因素累积频率为 80% ~ 90%，是影响产品质量的次要因素；

③类因素累积频率为 90% ~ 100%，是影响产品质量的一般因素。

2.作图步骤

（1）收集数据。

（2）整理数据。混凝土质量损失分层见表2-5。

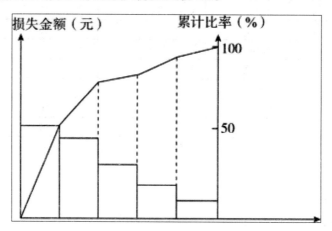

图2-3　排列图

表2-5　混凝土质量损失分层

序号	质量问题类型	损失金额/元	所占比率（%）	累计比率（%）
1	混凝土强度不够	1300	54.2	54.2
2	蜂窝、麻面	700	29.2	83.4
3	露筋、保护层厚度不够	250	10.4	93.8
4	预埋件偏移	150	6.2	100.0
	合计	2400	100.0	

（3）画坐标图和巴特列曲线（图2-4）。

（4）图形分析。主要因素A：混凝土强度不够、蜂窝麻面为0～80%；次要因素B：露筋、保护层厚度不够为80%～90%；一般因素C：预埋件偏移为90%～100%。

（三）因果分析图法

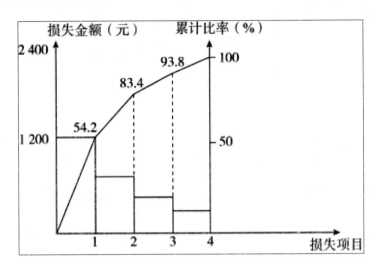

图2-4　巴特列曲线

因果分析图又称为特性要因图、鱼刺图、树枝图，是一种逐步深入研究和讨论影响质量问题原因的图示方法。在工程实践中，质量问题产生是多种原因造成的，这些原因有大有小、有主有次。通过因果分析图，从产品质量主要影响因素出发，分析原因逐步深入，直到找出具体根源。

因果分析图法最终的目的是查出并确定主要原因，以便制订对策，解决工程质量问题，从而达到控制质量的目的。

下面以混凝土质量不合格的主要影响因素"强度不够、蜂窝麻面"的分析为例，说明因果分析图法的作图方法（图2-5）。

（1）明确要分析的对象，即要解决的质量特征"混凝土强度不够、蜂窝麻面"，放在主干箭头的前面。

（2）对原因进行分类，确定影响质量因素的大原因。影响工程质量的因素主要有人员、材料、机械、施工方法、施工环境等五方面。

（3）确定产生质量问题的大原因背后的中原因，中原因背后的小原因，小原因背后的更小原因。

（4）发扬技术民主、反复讨论，补充遗漏的因素。

（5）找出主要原因，做显著记号。

（6）针对主要原因，有的放矢地制订对策，并落实到人，限期改正做出对策计划表。

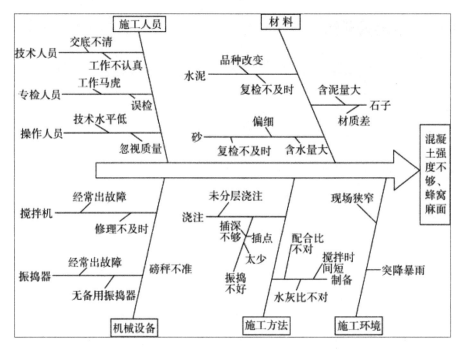

图2-5 凝土强度不够、蜂窝麻面因果分析图

二、工程项目施工质量的检验方法

（一）强制性检验和自主性检验

1. 强制性检验

由于任何产品质量标准都是由国家法律化的定量技术质量参数，要使项目施工质量达到国家标准，就必须使其带有法律强制性。这就决定了质量检验从其诞生起就带有强制性。其检验对象是工序产品或工程产品的最后结果，而不是施工过程；其检查者必须是质量检验专职人员，并要得到项目建立工程师和质量监督站的认可。

2. 自主性检验

自主性检验是指在施工过程中自觉地对施工质量进行检验。其检验对象侧重于施工过程质量控制、工序产品质量控制，对施工全过程进行检验；其检验者为参与施工的全体人员。首先是操作者按规定及标准自检，其次由班组成员互检，最后是工序之间、班组之间、相关施工队之间、承包人之间进行交接检查验收。

（二）现场质量检验的方法

现场进行质量检验的方法主要有目测法、实测法和试验法三种。

1. 目测法

目测法又称感觉性检验方法，是依靠人的感官对某些分项工程的光洁度、平整度、对称性等进行质量状况判断。其要领为看、摸、敲、照四个字，即通过观感、手感、音感、光照进行现场质量的检查评价。

（1）看，就是根据质量标准进行外观目测。例如，墙纸裱糊质量：纸面无斑痕、空鼓、气泡、褶皱；每一墙面纸的颜色、花纹一致；斜视无胶痕，纹理无压平、起光现象；对缝无离缝、搭缝、张嘴；对缝处图案、花纹完整；裁纸的一边不能对缝，只能搭接；墙纸只能阴角处搭接，阳角应采用包角；等等。

（2）摸，就是手感检查，主要用于装饰工程的某些检查项目。例如，水刷石、干黏石黏结牢固程度，油漆的光滑度，浆活是否掉粉，以及地面有无起砂等，均可通过手摸加以鉴别。

（3）敲，运用工具进行音感检查。例如，对地面工程、装饰工程中的水磨石、面砖、锦砖和大理石贴面等，均应进行敲击检查，通过声音的虚实确定有无空鼓，还可根据声音的清脆和沉闷，判定属于面层空鼓或底层空鼓。另外，用手敲玻璃，如发出颤动音响，一般是底灰不满或压条不实。

（4）照，对于难以看到或光线较暗的部位（如风道等）可用镜子反射或灯光照射的方法对其进行质量检查。

2. 实测法

实测法是指质量检验人员用经纬仪、水准仪或直尺等对建筑物轴线、标高、垂直度等质量标准进行定量测定，将实测数据与施工规范与质量标准所规定的允许偏差进行对照，以判断检查对象的质量是否合格。

实测法的要领是靠、吊、量、套。

靠——用直尺、台尺检查墙面、地面、屋面的平整度。

吊——用托线板及线锤吊线检查垂直度。

量——用测量工具、计量仪表检查截面尺寸、轴线、标高、湿度和温度偏差。

套——用方尺套方辅以直尺检查以判断阴阳脚方正、踢脚线垂直度以及预制构件的方正。

3. 试验法

通过试验方法对质量做出判断。例如，对桩或地基的静载试验，确定其承载力；对钢结构进行稳定试验，确定其稳定性；对钢筋焊头进行拉力试验，确定钢筋焊接质量；等等。

第五节　工程项目施工准备阶段的质量控制

　　工程项目施工准备阶段的质量控制是指对项目开工前所进行的准备工作及开工后经常进行的施工准备工作所实施的各种控制活动。施工准备阶段的质量控制对项目施工质量有很重要的影响。

　　1.施工合同签订后，项目经理部应索取设计图纸和技术资料，指定专人管理并公布有效文件清单。

　　2.项目经理部应依据设计文件和设计技术交底的工程控制点进行复测。当发现问题时，应与设计人协商处理，并应形成记录。

　　3.项目技术负责人应主持对图纸审核，并应形成会议记录。

　　4.项目经理应按质量计划中工程分包和物资采购的规定，选择并评价分包人和供应人，并应保存评价记录。

　　5.企业应对全体施工人员进行质量知识培训，并应保存培训记录。

一、施工准备的范围

　　施工准备工作的控制包括：对全场性施工准备或单位工程、分部分项工程的施工准备，以及项目开工前、开工后的施工准备所进行的控制，具体包括以下几个方面。

　　1.全场性施工准备是针对整个施工现场进行的各项施工准备。

　　2.单位工程施工准备是针对一个建筑物或者一个构筑物而进行的施工准备。

　　3.分项、分部工程施工准备，是针对单位工程中的一个分项、分部工程而进行的施工准备。

　　4.开工前的施工准备。为了满足开工条件而进行的准备。

　　5.开工后的施工准备。为了工程开工后继续顺利施工而进行的准备。

二、施工准备的内容及控制

　　无论是哪个范围的施工准备，其主要内容都包括施工技术准备、施工物资准备、施工劳动组织准备、施工现场准备、现场外准备五个方面。

（一）施工技术准备工作的质量控制

　　技术准备工作是施工准备工作的核心内容，项目施工方面的任何技术差错或者技术隐患都可能带来质量事故，造成人员伤亡、财产损失。技术准备工作主要包括项目扩大初步设计方案，项目施工图纸会审，项目建筑地点的自然条件、技术经济条件的调查分析；编制项目施工图预算和施工预算，编制项目施工组织等。技术准备工作的质量控制就是指对上述各项工作的控制。

（二）施工物资准备工作的质量控制

材料（原材料、成品、半成品、构配件）和机械设备，既是施工得以顺利进行的物质保障，也是施工过程能够正常、连续进行的必要保证。物资准备工作主要包括建筑材料准备，构配件、成品和半成品加工准备，建筑施工机械准备，以及生产工艺设备准备等各项工作。物资准备工作的质量控制主要是对上述准备工作所进行的控制。对物资准备的要求主要有：按照材料控制的原则逐项核实材料的产品出厂合格证书，确保材料质量符合设计要求；按机械设备控制的原则检查机械设备是否进入正常生产运行状态，确保按时开工。

（三）施工劳动组织准备工作的质量控制

劳动组织准备是指为施工过程的顺利展开而进行的人员组织与安排的工作。劳动组织准备主要包括建立项目组织机构、集结施工队伍、建立精干的施工作业班组、组织劳动力进场、对施工队伍进行入场教育、施工组织以及技术交底、建立健全质量管理制度等各项活动。劳动组织准备工作的质量控制主要包括对以上准备工作所进行的控制。另外，对技术交底的控制应符合以下规定：单位工程、分部工程和分项工程开工前，项目技术负责人应向承担施工的负责人或分包人进行书面技术交底。技术交底资料应办理签字手续并归档。

（四）施工现场准备工作的质量控制

施工现场准备工作主要为拟建工程的施工创造有利的施工环境和施工条件。施工现场准备工作主要包括控制网、水准点、标桩的测量；"五通一平"；生产、生活临时设施的准备，组织机械、材料进场；拟订有关试验、试制和技术进步项目计划；编制季节性施工措施；制定施工现场管理制度等。施工现场准备工作的质量控制主要包括对以上工作所进行的控制。其中，对控制网、水准点、标桩的测量应符合以下规定：在项目开工前应编制测量控制方案，经项目技术负责人批准后方可实施，测量记录应归档保存；对测量点线妥善保护，严禁擅自移动。

（五）现场外准备工作的质量控制

施工项目工程准备除了以上的准备工作，施工现场外也要进行一些准备工作。场外施工准备工作质量也同样会对项目施工质量产生重大影响。场外准备工作主要包括以下几点：签订建筑材料、构配件、建筑制品、工艺设备的加工等合同，与有关配合单位签订协议书及依法进行工程分包、订立分包合同，向上级提交开工申请报告、资金筹措等各项活动。现场外准备工作的质量控制就是对上述活动所进行的质量控制。

第六节　工程项目施工过程质量控制

工程项目施工阶段，既是工程实体形成的阶段，也是工程产品质量和使用价值形成的阶段。建筑施工承包企业的所有质量工作也要在项目施工过程中形成。同时，由于项目施工阶段工期长、露天作业受自然条件影响大，因此要确保项目施工质量，就必须对项目施工过程进行严格的质量控制。建筑工程施工过程控制就是以保证工程实体质量为目的，对产品生产过程也就是项目施工过程进行系统安排，通过对人员、材料、机械设备、施工方法、施工环境等项目施工质量影响因素的控制，有效地控制每个质量工作环节。施工过程的质量控制是建筑工程施工阶段质量控制的重点。因此，结合建筑工程产品的实际特点，工程建设项目施工过程的质量控制分为工序质量控制、现场质量检查、成品保护、特殊过程质量控制等步骤。

一、施工过程中的工序质量控制

工程项目施工过程是由一系列相互关联、相互制约的工序所构成的。工序是质量影响因素"人员、材料、机械、施工方法、施工环境"等起作用的过程。因此，施工项目质量是在施工工序中形成的，施工工序质量直接影响工程建设项目的整体质量。控制建设项目施工过程的质量必须以工序质量控制为核心，采取预防为主的控制措施。

（一）工序质量控制的规定

1. 施工作业人员应按规定经考核后持证上岗。

2. 施工管理人员及作业人员应按施工工艺、操作规程、作业指导书和技术交底文件进行施工；施工工艺和操作规程是施工操作的依据与法规，是确保工序质量的前提，任何人都必须严格执行，不得违反。

3. 工序的检验和试验应符合过程检验和试验的规定，对查出的质量缺陷应按不合格控制程序及时处理。

4. 施工管理人员应记录工序施工情况。

（二）工序质量控制的原理

工序包含工序活动条件和工序活动效果。工序活动条件是指每道工序所投入的人、材料、机械、施工方法、施工环境；工序活动效果是指每道施工工序所完成的产品。工序质量控制就是指对工序活动条件和工序活动效果的控制，使其符合规定的质量要求，为工序活动创造良好的条件；工序活动效果的控制是指对每道施工工序所完成的产品质量进行控制，使其达到有关的质量标准。为了有效地控制工序质量，工序控制必须满足以下原则。

1. 主动控制施工工序活动条件的质量。在工序质量控制中，必须主动控制工序活动条件，事后检查转为事先控制。对人员、材料、机械、施工方法、环境等影响因素预先进行认真分析，加以严格控制；对不利因素的影响及时采取措施予以纠正，避免系统性因素所引起的质量变异，确保每道工序的质量始终处于正常、稳定状态。

2. 及时检查施工工序作业效果的质量。在工序质量控制中，除主动控制工序活动条件外，还必须动态控制工序质量，事后检查转为事中控制。因此，在工序质量控制中，必须采取一定的检测手段及时检验工序质量，并根据检验结果做好数理统计分析工作，判断该工序的质量，密切跟踪，及时掌握质量动态，一旦发现问题马上处理，使工序活动效果的质量始终满足有关的质量规范规定，最终实现对工序质量的有效控制。

（三）工序质量检查和控制的程序

对工序质量的控制应当分清主次、抓住关键，建立完善的质量体系和质量检验制度。工序质量控制和检查的程序如下。

1. 确定工序质量控制计划。工序质量控制计划是进行工序质量控制的依据和准则，是确保工序质量控制有秩序进行的关键。工序质量控制计划要以质量体系和质量检验制度为基础，明确规定工序质量控制的程序和检验制度，作为施工单位和监理部门共同遵守的准则。

2. 进行工序影响因素分析，分清主次，重点控制。每道工序的质量都要受到众多因素的影响，在工序质量控制中，应当对影响工序质量的因素进行分析，找出影响工序质量特征性能的主要因素，针对主要因素制订对策，进行主动控制，以便预防工序质量问题。

3. 选择和确定工序质量控制点。设置质量控制点是进行工序质量控制的前提，是抓住影响工序质量主要因素的有力措施。因此，要有效地进行质量控制必须合理地设置质量控制点。

4. 确定每道工序质量控制点的质量目标。所谓工序控制点的质量目标是指工序活动效果，也就是工序产品的质量。

5. 检测。按规定检测方法对工序质量控制点现状进行跟踪检测。

6. 比较。将工序质量控制点的质量现状和质量目标进行比较，找出两者的质量差距和产生原因。

7. 处理。采取相应技术、组织和管理措施，消除其质量差距，防止发生质量问题。

8. 记录。在整个质量检验过程中，要将检验数据完整无误地记录下来，以便进行数据处理和备检用。

（四）合理设置工序质量控制点

质量控制点一般是指为了保证工序质量而需要进行控制的重点，或关键部位，或薄弱环节。因此，在确定质量控制点时，要对施工过程进行全面分析和比较，找出施工过程中可能出现的质量问题或质量隐患，并分析产生的主要原因，然后针对主要原因提出相应的对策进行施工质量预控，以便在一定时期内、一定条件下对其进行重点与强化管理，从而有效地消除易于发生的质量隐患，使施工质量始终处于良好的被控制状态。工序质量控制点必须根据施工项目的特点、重要性、复杂程度、质量标准和要求合理确定，其设立原则如下。

1. 关键部位。对项目质量影响大的关键部位或工序必须设立质量控制点，如高层建筑物垂直度等。

2. 常见的质量通病。经常出现质量通病（渗水、漏水、起砂、起壳、裂缝、生锈等）的工序必须设立质量控制点。

3. 施工顺序和关键操作。可能影响项目施工质量的某些工序的施工顺序或关键操作必须设立质量控制点。例如，冷拉钢筋要先焊接后冷拉；预应力筋张拉要进行超张拉和持荷 2min。其目的是减少混凝土压缩和徐变、钢筋松弛、孔道摩擦等原因造成的钢筋应力损失。

4. 材料的质量和性能。材料的质量和性能是直接影响工程质量的主要因素，因此必须设立质量控制点，如钢筋、水泥、混凝土等材料的各项性能都必须进行严格控制。

5. 技术间歇时间。有些工序之间的技术间歇性很强，不严格控制会影响质量。因此，对影响下道工序的技术间歇时间必须设立质量控制点。例如，砖墙砌筑后，一定要有 6 ~ 10h 的时间让墙体充分沉陷、稳定、干燥，然后才可抹灰；混凝土分层浇筑时必须待下一层混凝土为初凝时将上一层浇筑完，以便混凝土之间结合得很好。

6. 技术参数。与施工质量密切相关的技术参数必须设立质量控制点，如混凝土配合比、水胶比等。

7. 新工艺、新材料、新技术。施工人员对新工艺、新材料、新技术的操作缺少经验，容易产生质量问题，必须设立质量控制点进行严格控制。

二、施工过程中的现场质量检查

为确保施工项目质量，现场质量检查是必不可少的关键环节。其内容主要包括以下几点。

1.开工前检查：其目的在于检查工程是否已具备开工条件，开工后能否连续施工，能否保证工程质量。

2.在工序施工过程中的跟踪监督与检查：是指在监督检查所有工序投入品，即人员、材料、机械、方法、环境质量的同时，重点监督、检查对工程质量有重大影响或施工难度大、易于产生质量通病的施工对象，通过对其进行巡视检查、密切跟踪，严格控制施工操作质量。

3.工序交接检查：对于重要的工序和对工程质量有重大影响的工序，在自检、互检的基础上，还应组织专职质检人员进行工序的交接检查。

4.隐蔽工程检查：凡属于隐蔽工程的工序必须经过检查认证后方可进行下一道工序施工。

5.停工后、复工前的检查：处理质量问题或某种原因使工程暂时停止施工的，在复工之前必须经过检验，具备复工条件方可复工。

6.分部、分项工程完工检查：分项、分部工程完工之后，应经检查认可，签署施工验收记录或中间交工证书，方可进行下一分项、分部工程的施工进程。

三、成品保护

在施工过程中经常会出现一些中间产品，如有些分项、分部工程已完工，而其他部位正在施工，如果不对成品进行保护则会造成其损伤、污染，从而影响质量。因此，必须对成品进行妥善保护。对成品进行保护的最有效方法是合理安排施工顺序，同时对成品采取有效的保护措施。

（一）合理安排施工顺序

科学合理地安排施工顺序，按正确的施工流程进行施工，是进行建筑工程成品保护的有效途径之一。在施工中，只要合理科学地安排施工顺序，便可以有效保护成品的质量，也可以有效防止后道工序损伤或污染前道工序。

1.建筑工程施工要遵循"先地下后地上""先深后浅"的施工顺序，这样不会破坏地下管网和路面。

2.地下管道与基础工程相配合进行施工，可避免基础工程完工后再进行打洞挖槽安装管道，影响工程质量和施工进度。

3. 先在房心回填再做基础防潮层，保护防潮层不受填土夯实的损伤。

4. 装饰工程采取自上而下的施工顺序，可以使房屋主体完工后有一定的沉降期，先做屋面防水层，可以保护装饰工程质量。

5. 先做地面，后做顶棚、地面抹灰，可以保护下层顶棚、墙面抹灰不受渗水污染；如果在已经做好的地面上施工，要保护好地面；如果先做顶棚和墙面抹灰后做地面，楼板灌缝必须密实，以免漏水污染墙面和顶棚。

6. 在进行建筑室内装饰时，应采取先喷浆后安装灯具的施工顺序，可避免先安装灯具后喷浆对灯具的污染。

7. 楼梯间和踏步的饰面装修宜在整个饰面装修完工后再自上而下进行；门窗扇的安装通常在抹灰后进行；一般先涂油漆后安装玻璃。

8. 采用单排外脚手架砌墙时，由于砖墙上有脚手架洞眼，因此，内墙抹灰一般在同一层外墙粉刷完，拆除脚手架，填补完洞眼后进行，这样有利于保证内墙抹灰的质量。

（二）采取有效的措施保护成品

对成品的保护措施具体有护、包、盖、封四种。

1. 护。护是对成品进行提前保护，以防止成品可能发生的损伤和污染。例如，为了防止清水墙面污染，在脚手架、安全网横杆、进料口四周以及邻近水刷石墙面上提前订上塑料布或纸板；清水楼梯踏步采用护棱角铁上下连通固定；门口在手推车容易碰到的部位，在小车轴的高度钉上防护条或槽型盖铁；进出口台阶应垫砖或方木，搭脚手板过人；外檐水刷石大角或柱子要立板固定保护；等等。这些保护措施既保护了成品不被破坏又可加快施工进度。

2. 包。包是对成品实施包裹，以防被损伤或污染。例如，大理石或高级柱子贴面完工后，应用立板包裹捆扎；楼梯扶手喷完油漆后用纸包裹加以保护；在喷浆前，用塑料布、纸等把铝合金门窗、暖气片、管道、电器开关、插座等设施包上，以防污染。

3. 盖。盖是对成品进行表面覆盖，以防堵塞或损伤。例如，预制水磨石、大理石楼梯应用木板、加气板等覆盖，以防操作人员踩踏和物体磕碰；水泥地面、现浇或预制水磨石地面应铺干锯末保护；高级水磨石地面或大理石地面应用苫布或棉毡加以覆盖；落水口、排水管应加以覆盖以防堵塞；散水完工后，可覆盖一层沙子或土有利于散水养护并防止磕碰；对其他一些防晒、防冻、保温养护的成品也要加以覆盖，做好保护工作。

4. 封。封是对成品进行局部封闭，以防破坏。例如，预制水磨石、水泥抹面楼梯施工后应将楼梯口暂时封闭，待达到上人强度并采取保护措施后再开放；室内塑料墙纸、木地板油漆完成后，均应立即锁门；屋面防水层做完后，应封闭上屋顶的楼梯门或出入口等。

总之，在项目施工中，必须具有成品保护的意识，若做不好成品保护，使其受污染或损坏成为废品、不合格品，就会增加返工造成的经济损失，也会影响工程进度。因此，在施工过程中，应合理安排施工顺序，采取有效措施对成品加以保护，同时必须加强成品保护工作的检查。

四、特殊过程质量控制

项目施工质量的控制还应注重某些"特殊过程"，如工序的有关质量特性要到后续工序才能被反映出来，无法检测或只能进行破坏性检测的工序，在以后的检验或试验中不能测量结果的工序，以及产品的缺陷只有在使用之后才能暴露出来等，以上工序称为特殊过程。特殊过程控制应符合以下规定。

1. 对在项目质量计划中界定的特殊过程，应设置质量控制点进行控制。

2. 对特殊过程的控制，除应执行一般过程控制的规定外，还应由专业技术人员编制专门的作业指导书，经项目技术负责人审批后执行。

3. 对从事特殊过程的人员进行培训和资格认可。

第七节 工程项目竣工验收阶段的质量控制

一、工程项目竣工验收的概念

（一）工程项目竣工

工程项目竣工是指工程项目经过施工承包单位所进行的施工准备和全部施工活动，已经完成了工程项目设计图样和工程合同规定的全部内容，并达到业主单位的使用要求；它标志着工程项目施工任务已经全面完成。

（二）工程项目竣工验收

工程项目竣工验收是指施工承包单位将竣工工程项目及有关资料移交业主单位或监理单位，并接受业主单位对产品质量和技术资料的一系列审查验收工作的总称。它是工程项目质量控制的关键。经竣工验收后，如果工程项目达到竣工验收质量标准，则可以解除合同双方各自承担的合同义务及经济和法律责任。

工程项目竣工验收是工程项目施工全过程中最后一道程序，也是工程项目管理的最后环节。它既是建设投资转入生产或使用的标志，也是全面考核投资效益、检验设计和施工质量的重要环节。

二、竣工验收阶段质量控制的规定

1. 单位工程竣工后，必须进行最终检验和试验。项目技术负责人应按编制竣工资料的要求收集、整理质量记录。

2. 项目技术负责人应组织有关专业技术人员按最终检验和试验规定，根据合同要求进行全面验证。

3. 对查出的施工质量缺陷，应按不合格控制程序进行处理。

4. 项目经理应组织有关专业技术人员按合同要求编制工程竣工文件，并应做好工程移交的准备。

5. 在最终检验和试验合格后，应对建筑物产品采取保护措施。

6. 工程交工后，项目经理部应编制符合文明施工和环境保护要求的撤场计划。

三、竣工验收的依据和标准

（一）工程项目竣工验收的依据

根据工程项目竣工验收的实践经验，工程项目竣工验收的依据主要包括以下几点。

1. 上级主管部门有关该工程项目建设和批复文件。

2. 经有关部门批准的设计纲要、设计文件、施工图纸和说明书，以及设备技术说明书。

3. 业主与承包商签订的工程承包合同以及招投标文件、协作配合协议。

4. 国家或有关部委颁发的现行施工与验收规程、规范和质量检验评定标准。

5. 图样会审记录、设计变更签证、中间验收资料和技术核定单。

6. 施工单位提供的有关质量保证文件和技术资料等。

（二）工程项目竣工验收的标准

由于建设工程项目种类繁多，要求各异，因此，对每一种工程必须有与之相适应的竣工验收标准，以便验收各方共同遵循。国家和有关部委颁发了相关规定和标准，主要有《房屋建筑和市政基础设施工程竣工验收规定》《机械设备安装工程施工及验收通用规范》（GB 50231）、《人民防空工程施工及验收规范》（GB50134）、《城市桥梁工程施工与质量验收规范》（CJJ2）、《建筑电气工程施工质量验收规范》（GB50303）等。具体验收时应严格遵循国家或地方颁发的现行标准。

四、竣工验收的准备工作

在建设工程项目正式竣工验收前，施工单位应按照工程竣工验收的有关规定，配合监理工程师做好竣工验收的准备工作。

（一）完成工程项目的收尾工程

工程完成后竣工验收前，要按设计图纸和工程合同规定逐一对照，查出是否有遗漏项目和需要补修的项目，这些项目叫作收尾工程项目。它的特点是零星、分散、工程量小、分布面广，如果不及时完成将会直接影响工程项目的竣工验收及投产使用。因此，应根据收尾工程的情况制订科学合理的作业计划，保质保量地完成工程项目的收尾工作，确保项目施工质量。

（二）竣工验收资料的准备

竣工验收资料和有关技术文件是工程项目竣工验收与质量保证的重要依据之一，施工单位应从施工开始就注意工程资料的积累和保管，在竣工验收时整理归档，按合同要求提供全套的竣工验收所必需的工程资料，以便竣工验收、总结经验教训和不断提高质量控制的管理水平。

工程项目竣工验收的资料包括很多方面，归纳起来主要包括以下内容。

1. 工程开工报告和竣工报告。

2. 工程说明包括工程概况，工程竣工图，设计变更项目、原因及内容，监理工程师有关工程设计修改的书面通知，技术变更核实单，工程施工总结，以及工程实际完成情况等。

3. 对建筑工程质量与建筑设备安装工程质量的评价包括监理工程师检查签证资料、质量事故及重大缺陷处理资料。

4. 清单包括竣工工程项目清单与遗留工程项目清单。

5. 建筑材料、设备、构件的质量合格证，以及试验单等。

6. 隐蔽工程验收记录，分项工程、分部工程验收记录，单位工程验收资料，以及监理工程师与业主的各种批准文件。

7. 观测记录包括永久性设备埋设观测记录，水准点位置、定位测量记录，以及建设期内沉降和位移等观测记录、分析记录和运行记录等。

8. 其他资料包括工程测量、工程地质、水文地质资料，工程中的遗留问题及处理意见，以及对工程投入使用运行的意见和建议。

（三）竣工验收的预验收

竣工验收的预验收是建筑工程项目顺利通过正式竣工验收的保证。预验收是在工程完工后，建筑施工承包单位组织有关人员进行一次内部模拟验收。通过预验收，施工承包单位对已建工程进行自我评价，并及时发现存在的质量问题，采取措施进行修补，以免拖延竣工验收时间。

五、竣工验收的程序

工程项目竣工验收应以建设单位为主，由监理工程师牵头，组织使用单位、施工单位、设计和勘查单位、质量检验部门共同进行。

（一）施工单位进行竣工预验收

施工单位竣工预验收根据建筑工程重要程度及规模的大小，通常有以下三个层次。

1. 基层施工单位竣工自检

建筑工程施工过程结束后，基层施工单位施工队长应组织有关职能人员，根据施工图样、合同规定以及相应的验收标准对拟报竣工工程的情况和条件进行自我评价与验收。其主要内容包括竣工项目是否符合有关规定、工程质量是否符合质量检验评定标准、工程资料是否齐全、工程完成情况是否符合设计施工图要求与使用要求等。如果发现有缺陷，必须及时组织人力物力，采取有效措施限期保质完成。

2. 工程项目经理组织竣工自检

基层施工单位经过自检通过，将预验收报告和有关资料提交给项目经理部，项目经理根据报告组织生产、技术、质量、预算等各职能人员进行一次工程竣工预验收。为了使工程项目顺利通过正式验收，最好邀请监理人员参加工程预验收。经严格检验，确认符合施工图标准要求，达到竣工标准，可填报竣工验收通知单；如果发现问题，应提出整改措施，并限期保质完成。

3. 公司级组织竣工自检

根据项目经理部的申请，竣工工程可视其重要程度和性质，由公司组织有关职能人员进行检查预验收，并进行初步评价。若达标则申请竣工验收；若存在不合格项目，则提出整改意见，责令施工队限期保质完成，并再次组织检查验收，以决定是否提请正式验收报告。

（二）施工单位提交竣工验收申请报告

经过以上竣工预验收，施工单位可决定正式向监理单位提交验收申请报告。监理工程师在收到验收申请报告后，应参照建筑工程合同要求和验收标准等进行仔细审查。

（三）根据竣工验收申请报告进行现场初检

监理工程师在审查完验收申请报告后，如果认为可以进行验收，则应由监理单位负责人组成验收机构，对竣工项目进行现场初步验收。若发现质量问题或质量缺陷，应及时以书面形式通知或以备忘录的形式告知施工单位，并令其按有关质量要求限期内完成修补工作，甚至返工。

（四）进行正式竣工验收

监理部门初验合格后，则应由监理工程师牵头，组织使用单位、施工单位、设计和勘察单位、上级主管部门、质量检验站等，在规定的时间内对申报工程进行正式竣工验收，现概括如下。

1. 竣工验收的内容

（1）单项工程验收。单项工程竣工验收是指在一个总体建设项目中，一个单项工程或一个车间已经按设计要求建成完工，能满足生产要求或具备使用条件，并且通过施工单位预验和监理工程师初验，达到正式验收标准，在此前提下可进行正式验收。

由若干个建筑安装单位共同承包施工的单项工程，当其中的某一个施工单位所承担的部分工序已按设计要求完成，也可组织正式验收，办理交工手续。分包人应向承包人负责分包工程的质量，承包人应对项目质量和质量保修工作向发包人负责，同时承包人应对分包人的工程质量向发包人承担连带责任，分包人应接受承包人的质量管理，因此，交工时必须请总承包人参加，以便对建筑工程进行质量管理。

对于建成的住宅，可分幢进行正式竣工验收，以便及早交付使用，提高经济效益。

（2）全部竣工验收。全部竣工验收是指整个建设项目已按设计要求全部建设完成，并已符合竣工验收标准，施工单位预验合格，监理工程师初验通过，可由监理工程师组织以建设单位为主，有使用单位、施工单位、设计和勘察单位、质量检验部门参加的正式竣工验收。在对整个工程项目进行全部竣工验收时，对已验收过的单项工程，可以不再进行正式竣工验收和办理移交手续，但应将单项工程验收单作为全部工程验收的附件而加以说明。

2. 正式竣工验收的步骤

（1）现场检测。参加建筑工程正式竣工验收的人员首先到达现场，对拟竣工项目进行现场目测检查，同时逐一核对建筑工程竣工验收所必备的资料，看是否齐全完整。

（2）召开现场验收会议。现场验收会议由参检各方参加，会议一般由监理主持，会议内容如下。

①先由该建筑工程的项目经理介绍工程施工情况、自检情况及竣工情况，出示竣工资料。

②监理工程师通报工程监理过程中的主要内容，发表竣工验收意见。

③业主根据在现场对竣工项目目测检查中发现的问题，按照合同规定对施工单位提出限期处理的意见。

④暂时休会，质量部门、业主以及监理工程师讨论工程正式竣工验收是否合格。

⑤复会，监理工程师宣布竣工验收结果，质检部门宣布工程质量等级。

⑥办理竣工验收签证书。

竣工验收签证书必须由业主单位、承建单位和监理单位三方签字方可生效。

第八节　工程质量检验与评定

在工程项目管理过程中，质量评定是项目质量管理的重要内容。它是采用一定方法和手段，以工程技术立法形式，对建筑安装工程的分项工程、分部工程和单位工程的施工质量进行检测，并根据检测结果和国家颁发的现行有关工程项目质量检验评定标准和验收标准，评定工程项目的质量等级。通过工程质量评定与验收，对工程项目施工过程的工程质量进行有效控制，并将检验出的"不合格"分项工程与单位工程进行相应处理，使其符合项目质量标准与验收标准。可以把好建筑安装工程的最终产品质量关，为用户提供符合工程质量标准的建筑产品。因此，正确进行项目施工质量评定，是保证项目施工质量的重要手段。

一、工程质量评定项目划分

一个工程项目的建成，从施工准备开始到竣工验收交付使用，需要经过若干工种的配合施工，每一工种又是由若干工序组成的。为了便于对工程质量进行控制，按照《建筑工程施工质量验收统一标准》（GB50300—2013）的规定，将一个单位工程划分为若干个分部工程，每个分部工程又划分为若干个分项工程。建筑安装工程质量评定以分项工程质量综合鉴定分部工程质量，以各分部工程质量鉴定单位工程质量。

建筑安装工程质量评定包括建筑工程质量评定和建筑安装工程质量评定两部分。

（一）建筑工程的项目划分

1. 分项工程。分项工程一般按主要工种进行划分，如砌砖工程、钢筋工程、混凝土工程、爆破工程等。

2.分部工程。分部工程是各分项工程的组合,一般按主要部位划分为六大分部,即地基与基础工程、主体结构工程、地面与楼面工程、门窗工程、装饰工程和屋面工程,见表2-6。

表2-6 建筑工程分部、分项工程名称

序号	分部工程名称	分项工程名称
1	地基与基础工程	土方、爆破、灰土、砂、砂石和三合土地基、重锤夯实地基、强夯地基、挤密桩地基、振冲地基、打(压)桩、灌注桩、沉井和沉箱、地下连续墙、防水混凝土结构、水泥砂浆防水层、卷材防水层、模板、钢筋、混凝土、构件安装、预应力混凝土、砌砖、砌石、钢结构焊接、钢结构螺栓连接、钢结构制作、钢结构安装、钢结构油漆等
2	主体结构工程	模板、钢筋、混凝土、构件安装、预应力混凝土、砌砖、砌石、钢结构焊接、钢结构螺栓连接、钢结构制作、钢结构安装、钢结构油漆、木屋架制作、木屋架安装、屋面木骨架等
3	地面与楼面工程	基层、整体楼板、地面、板块楼面、地面、木制楼板、地面等
4	门窗工程	木门窗制作、木门窗安装、钢门窗安装、铝合金门窗安装等
5	装饰工程	一般抹灰、装饰抹灰、清水砖墙勾缝、油漆、刷(喷)浆、玻璃、裱糊、饰面、罩面板及钢木骨架、细木制品、花式安装等
6	屋面工程	屋面找平层、保温(隔热)层、卷材、油膏嵌缝、涂料屋面、细石混凝土屋面、平瓦屋面、薄钢板屋面、波瓦屋面、水落管等

多层和高层房屋工程中的主体分部工程,应按楼层(段)划分分项工程;单层房屋工程中的主体分部工程,必须按变形缝划分分项工程。其他分部工程的分项工程,可按楼层划分。对一些小型项目,也可不按楼层划分分项工程。

(二)建筑设备安装工程项目划分

1.分项工程。建筑安装工程的分项工程一般按用途、种类及设备组别进行划分,如室内给水管线安装工程、卫生器具安装工程、供热管道安装工程、电力变压器安装工程等。同时,规定各分部工程中的分项工程可按系统、区段进行划分,如采暖卫生与煤气工程的分项工程。按用途不同划分,碳素钢管既有供应冷水、热水、暖气、煤气等之分,又有给水管道、排水管道等之分;按材料种类划分,管道安装有碳素钢管、铸铁钢管、混凝土管道等;按设备组别划分有锅炉安装、锅炉附属设备安装和卫生器具安装等。

2.分部工程。建筑设备安装工程的分部工程按工种分类划分为四个分部工程,即建筑采暖卫生与煤气工程、建筑电气安装工程、通风与空调工程和电梯安装工程。

建筑设备安装工程分部、分项工程名称见表6-7。

表2-7　建筑设备安装工程分部、分项工程名称

序号	分部工程名称		分项工程名称
1	建筑采暖卫生与煤气工程	室内	给水管道安装、给水管道附件以及卫生器具给水配件安装、给水附属设备安装、排水管道安装、卫生器具安装、采暖散热器及太阳能热水器安装、采暖附属设备安装、煤气管道安装、锅炉安装、锅炉附属设备安装、锅炉附件安装等
		室外	给水管道安装、排水管道安装、供热管道安装、煤气管道安装、煤气调压装置安装等
2	建筑电气安装工程		架空线路和杆上电气设备安装、电缆线路、配管及管内穿线、瓷柱及瓷瓶配线、护套线配线、槽板线配线、照明线路用钢索、硬母线安装、滑接线和移动式软电缆安装、电力变压器安装、低压电器安装、电机的电器检查和接线、蓄电池安装、电气照明器具及配电箱（盘）安装、避雷针（网）及接地装置安装等
3	通风与空调工程		金属风管制作、硬聚氟乙烯风管制作、部件制作、风管及部件安装、空气处理室制作与安装、消声器制作及安装、除尘器制作与安装、通风机安装、制冷管道安装、防腐与油漆、风管及设备保温等
4	电梯安装工程		牵引装置组装、导机组装、轿箱、层门组装、电气装置安装、安全保护装置、试运转等

（三）单位工程

1.独立工程中的单位工程。建筑工程和建筑安装工程共同组成一个单位工程，如一个建筑物、一个构筑物，建筑群中的一栋住宅、一个商店、锅炉房、变电站等均为一个单位工程。

2.小区建设中的单位工程。在新建或扩建的居住小区或厂房内，室外给水、排水、供热和煤气等分项工程可组成一个单位工程；道路或围墙建筑工程等分部工程也可组成一个单位工程；室外架空线路、电缆线路和电灯安装工程等分部工程也可作为一个单位工程。但在原有居住小区内，增设几排路灯、埋设几根管道或维修几条道路等工程项目就不能视为一个单位工程进行质量评定。

二、建筑工程项目施工质量评定等级

（一）分项工程质量等级评定

1.分项工程质量评定项目

分项工程质量的评定是分部工程、单位工程质量评定的基础，也是施工过程中质量控制的有效环节，分项工程质量的好坏直接影响建筑工程的质量。因此，对分项工程的质量评定必须按照《建筑工程施工质量验收统一标准》（GB50300—2013）的规定，将分项工程分为主控项目、一般项目和允许偏差三种。

（1）主控项目。主控项目是指对工程结构安全性和重要使用性有很大影响的工程项目，要求在施工中必须全部满足质量标准的规定。其检验评定的主要内容如下：

①重要材料、成品、半成品、附件的材质和技术性能，检验出厂合格证书和试验数据。

②结构的强度、刚度和稳定性，检查试验报告。

③重要项目的位置、尺寸、关键项目的施工工艺，检查测试记录。

（2）一般项目。一般项目是指对结构的使用安全、使用功能和美观性等有较大影响，但其重要性仅次于保证项目，在施工过程中必须达到基本要求的项目。其检验评定的主要内容如下：

①允许有一定偏差但又不宜纳入允许偏差项目的分项工程，用数据规定"优良"和"合格"的标准。

②对不能确定偏差值而又允许出现一定缺陷的分项工程，则以缺陷的数量确定"优良"和"合格"的标准。

③采用不同影响部位区别对待的方法划分"优良"和"合格"。

④用程度区别项目的"优良"和"合格"。

（3）允许偏差。允许偏差项目应符合下列规定：

①偏差值有"正""负"要求，应将偏差值明确标明正、负号。例如，基础和墙砌体顶面标高允许偏差为 ±15mm；门口高度允许偏差为 -5mm 或 +15mm。

②偏差值无"正""负"要求，可直接注明数字，不标注符号。例如，清水墙表面平整度为 5mm 等。

③偏差数值要求大于或小于某一数值。例如，砌筑砂浆必须密实饱满，实心砌砖体水平缝的砂浆饱满度不小于80%。

④偏差值要求在一定范围内。例如，木门扇与地面间留缝宽度为 6 ~ 8mm。

⑤采用相对比值确定允许偏差数值。例如，高层框架柱和墙的垂直度必须小于或等于其全高的 1/1000，且不大于 30mm 等。

2. 分项工程质量评定等级

分项工程质量等级评定为"优良"和"合格"两个等级。

（1）合格。分项工程合格的标准主要包括：

①主控项目必须符合相应质量检验标准的规定。

②一般项目抽检处应符合相应质量检验评定标准的合格规定。

③允许偏差项目抽检的点数中，建筑工程有 70% 及其以上，建筑设备安装工程有 80% 及其以上的实测值在相应质量检验评定标准的允许偏差范围内。

（2）优良。分项工程优良的标准主要包括：

①主控项目必须符合相应质量检验标准的规定。

②一般项目抽查处应符合相应质量检验评定标准的合格规定。其中，50%及其以上应符合相应质量检验评定标准的优良规定，该项即为优良；优良项目数占检验项目数50%及其以上。

③允许偏差项目抽检点数中，有90%及其以上的实测值在相应质量检验评定标准的允许偏差范围内。

3. 分项工程质量不合格处理规定

若发现不合格的分项工程，应采取对策进行质量持续改进。

（1）项目经理部。项目经理部对不合格控制应符合下列规定：

①应按企业的不合格控制程序控制不合格物资进入项目施工现场，严禁不合格工序未经处置而转入下一道工序。

②对检验中发现的不合格产品和过程，应按规定进行鉴别、标识、记录、隔离和处置。

③应进行不合格评审。

④不合格处置应根据不合格严重程度，按返工、返修或让步接收、降级使用、拒收或报废四种情况进行处理。构成等级质量事故的不合格，应按国家法律、行政法规进行处置。

⑤对返修或返工后的产品，应按规定重新进行检验和试验，并应保存记录。

⑥进行不合格让步接收时，项目经理部应向发包人提出书面让步申请，记录不合格程度和返修的情况，双方签字确认让步接收协议和接收标准。

⑦对影响建筑主体结构安全和使用功能的不合格，应邀请发包人代表或监理工程师、设计人，共同确定处理方案，报建设主管部门批准。

⑧检验人员必须按规定保存不合格控制记录。

（2）不合格纠正措施。不合格纠正措施应符合下列规定：

①对发包人或监理工程师、设计人、质量监督部门提出的质量问题应分析原因，制订纠正措施。

②对已发生或潜在的不合格信息，应分析并记录结果。

③对检查发现的质量问题或不合格报告提及的问题，应由项目技术负责人组织有关人员判定不合格程度，制订纠正措施。

④对严重不合格或重大质量事故，必须实施纠正措施。

⑤实施纠正措施的结果应由技术负责人验证并记录；对严重不合格或等级质量事故的纠正措施和实施效果应验证，并应报质量管理层。

⑥项目经理或责任单位应定期评价纠正措施的有效性。

（二）分部工程质量等级评定

1. 分部工程评定项目

分部工程所包含的所有分项工程。

2. 分部工程评定等级

（1）合格。分部工程所含分项工程的质量全部合格。

（2）优良。应满足的规定：分部工程所含分项工程的质量全部合格，并且其中50% 及其以上为优良，建筑安装工程中，指定的主要分项工程必须优良。

（三）单位工程质量等级评定

1. 单位工程质量评定项目

（1）单位工程所包含的全部分部工程。

（2）单位工程质量保证资料。

（3）单位工程感观质量。

2. 质量保证资料的核查

在单位工程的验收中，项目经理应配合监理工程师对质量保证资料进行以下几方面的核查。

（1）质量保证资料是否齐全，内容与标准是否一致。

（2）质量保证资料是否真实可信。

（3）对于施工单位送去检验的材料，应审查检验单位有无权威性。

（4）提供质量保证资料是否与工程进展同步。

3. 观感质量评定

（1)确定检查数量。室内按有代表性的自然间抽查10%(包括附属房间及厅道等)，室外和屋面要求全数检查。

室内有代表性的自然间，是指各类做法均能查到的房间；公共建筑的附属房间是指公用房间，如盥洗室、厕所，也包括服务员工作室、储藏室；厅道包括楼道、楼梯间等。住宅建筑的附属房间包括厨房、厕所、过厅等。

检查点或检查房间采用随机抽样的方法，一般应在平面图上勾定房间，按既定房间检查。选点时应照顾到代表面，同时突出重点，如高层建筑跳层检查时，必须包括首层和顶层。

室外与屋面全数检查，采用"分点检查、综合定级"的方法。例如，将室外墙面划分为若干部位，每个部位限定范围，各作为一个检查点。

（2）确定检查项目。检查点的项目按各分部工程质量验收标准确定，根据各部位对工程质量的影响程度，所占工作量或工程量大小等综合考虑和给出了标准分值。

（3）检验评定。按下述方法和步骤进行。

①检查标准：每个检查项目以随机抽取的检查点按"好""一般"给出评价。项目检查点90%及其以上达到"好"，其余检查点达到"一般"的应为一档，取100%的分值；项目检查点80%及其以上达到"好"，但不足90%，其余检查点达到"一般"的应为二级，取70%的分值。

②检查方法：核查分部（子分部）工程质量验收资料。

（4）计算得分率。得分率按下式计算：

$$得分率 = （实得分 / 应得分）× 100\%$$

应得分就是将所检项目的标准分相加所得出的总分；实得分就是所检项目所得实际分值竖向累加的分数。混凝土结构工程观感质量项目及评分见表2-8。

表2-8　混凝土结构工程观感质量项目及评分

工程名称		建设单位				
施工单位		评价单位				
序号	项目检查	应得分	判定结果		实得分	备注
			100%	70%		
1	露筋	15				
2	蜂窝	10				
3	孔洞	10				
4	夹渣	10				
5	疏松	10				
6	裂缝	15				
7	连接部位缺陷	15				
8	外形缺陷	10				
9	外表缺陷	5				
	合计得分					
检查结果	观感质量项目分值10分。 　应得分合计： 　实得分合计： 混凝土结构工程观感质量得分 $= \dfrac{实得分合计}{应得分合计} × 10 =$ 评价人员：　　　　　　年　月　日					

4. 单位工程质量评定等级

（1）单位工程质量合格。单位工程质量必须符合下述条件，方能评定等级为合格。

①单位工程所包含的分部工程的质量全部合格。

②质量保证资料应基本齐全。

· 60 ·

③观感质量的评定得分率达到 70% 及其以上。

（2）单位工程质量优良。单位工程质量必须符合下述条件，方能评定等级为优良。

①单位工程所包含的分部工程的质量全部合格。其中，有 50% 及其以上优良（建筑工程必须含主体与装饰工程，以建筑设备安装工程为主的单位工程，其指定的分部工程必须优良）。

②质量保证资料应基本齐全。

③观感质量的评定得分率达到 85% 及其以上。

第三章　工程项目进度管理

第一节　工程项目进度管理概述

一、进度管理的概念

（一）工程项目进度管理

工程项目进度管理是指在项目实施过程中，对各阶段的进展程度和项目最终完成的期限所进行的管理。其目的是保证项目能在满足其时间约束条件的前提下实现其总体目标，它是保证项目如期完成和合理安排资源供应、节约工程成本的重要措施之一。

工程项目进度管理是项目管理的一个重要方面，它与项目投资管理、项目质量管理等同为项目管理的重要组成部分。它们之间有着相互依赖和相互制约的关系：进度加快，需要增加投资，但工程能够提前使用就可以提高投资效益；进度加快有可能影响工程质量，而质量控制严格，则有可能影响进度，但如因质量的严格控制而不至于返工，又会相应加快进度。因此，工程管理人员在实际工作中要对这三项工作全面、系统、综合地加以考虑，正确处理进度、质量和投资的关系，提高工程建设的综合效益。特别是对一些投资较大的工程，如何确保进度目标的实现，往往对经济效益产生很大影响。在这三大管理目标中，我们不能只片面强调某一方面的管理，而是要相互兼顾、相辅相成，这样才能保证实现项目管理的总目标。

工程项目进度管理包括工程项目进度计划的制订和工程项目进度计划的控制两大部分内容。

（二）工程项目进度计划

在项目实施之前，必须先对工程项目各建设阶段的工作内容、工作程序、持续时间和衔接关系等制订出一个切实可行的、科学的进度计划，然后再按计划逐步实施。

工程项目进度计划的作用如下：

1.为项目实施过程中的进度控制提供依据。

2.为项目实施过程中的劳动力和各种资源的配置提供依据。

3.为项目实施过程中有关各方在时间上的协调配合提供依据。

4.为在规定期限内保质、高效地完成项目提供保障。

（三）工程项目进度控制

工程项目进度控制是指工程项目进度计划制订以后，在项目实施过程中，经常检查实际进度是否按进度计划要求进行，对出现的偏差分析原因，采取补救措施或调整、修改原进度计划，直至工程竣工、交付使用，以确保项目进度计划总目标得以实现的活动。

工程项目进度控制最终目的是确保项目进度计划目标的实现，其总目标是建设工期。

（四）工程项目进度计划控制的指导思想

在进行项目进度计划控制时，人们必须明确一个指导思想，即计划不变是相对的，变是绝对的；平衡是相对的，不平衡是绝对的。因此，人们必须经常地、定期地针对变化的情况，采取对策，对原有的进度计划进行调整。

世间万物都是处于运动变化之中，人们制订项目进度计划时所依据的条件也在不断变化之中。工程项目的进度受许多因素的影响，人们必须事先对影响进度的各种因素进行调查，预测它们对进度可能产生的影响，编制可行的进度计划，指导建设工作按进度计划进行。然而在进度计划执行过程中，必然会出现一些新的或意想不到的情况，它既有人为因素的影响，也有自然因素的影响和突发事件的发生，往往造成难以按照原定的进度计划进行。因此，人们不能认为制订了一个科学合理的进度计划后就一劳永逸，放弃对进度计划实施的控制。当然，也不能因进度计划肯定要变，而对进度计划的制订不重视，忽视进度计划的合理性和科学性。正确的方法应当是，在确定进度计划制订的条件时，要具有一定的预见性和前瞻性，使制订的进度计划尽量符合变化后的实施条件；在项目实施过程中，掌握动态控制原理不断进行查验，将实际情况与计划安排进行对比，找出偏离进度计划的原因，特别是找出主要原因，然后采取相应的措施。措施的确定有两个前提：一是通过采取措施，维持原进度计划，使之正常实施；二是采取措施后不能维持原进度计划，要对进度计划进行调整或修正，再按新的进度计划实施。不能完全拘泥于原进度计划的完全实施，也就是要有动态管理思想，否则就会适得其反，使实际进度计划总目标的根本目的难以达到。

这样不断地计划、执行、检查、分析、调整进度计划的动态循环过程，就是进度控制。

二、影响进度的因素分析

（一）影响进度的因素

影响工程项目进度的因素很多，可以归纳为人为的因素，技术因素，材料、设备与构配件的因素，机具因素，资金因素，水文、地质与气象因素，其他环境、社会因素以及其他难以预料的因素等。其中，人的因素影响很多，从产生的根源看，有来源于建设单位和上级机构的；有来源于设计、施工及供货单位的；有来源于政府建设主管部门、有关协作单位和社会的。常见的影响因素如下。

1. 业主使用要求改变或设计不当而进行设计变更。

2. 业主应提供的场地条件不能及时或不能正常满足工程需要，如施工临时占地申请手续未及时办妥等。

3. 勘察资料不准确，特别是地质资料错误或遗漏而引起的未能预料的技术障碍。

4. 在设计、施工中采用不成熟的工艺、技术方案失当。

5. 图样供应不及时、不配套或出现差错。

6. 外界配合条件有问题，交通运输受阻，水、电供应条件不具备等。

7. 计划不周，导致停工待料和相关作业脱节，工程无法正常进行。

8. 各单位、各专业、各工序间交接、配合上的矛盾，打扰计划安排。

9. 材料、构配件、机具、设备供应环节的差错，品种、规格、数量、时间不能满足工程的需要。

10. 受地下埋藏文物的保护、处理的影响。

11. 社会干扰，如外单位邻近施工干扰、节假日交通、市容整顿的限制等。

12. 安全、质量事故的调查、分析、处理以及争执的调节、仲裁等。

13. 向有关部门提出各种申请审批手续的延误。

14. 业主资金方面的问题，如未及时向施工单位或供应商拨款。

15. 突发事件影响，如恶劣天气、地震、临时停水、停电、交通中断、社会动乱等。

16. 业主越过监理职权无端干涉，造成指挥混乱。

（二）产生干扰的原因

产生各种干扰的原因可分为以下三大类：

1. 错误地估计了工程项目的特点及项目实现条件，包括过高地估计了有利因素和过低地估计了不利因素，甚至对工程项目风险缺乏认真分析。

2. 工程项目决策、筹备与实施中各有关方面工作上的失误。

3. 不可预见事件的发生。

（三）影响因素按干扰的责任和处理分类

按照干扰的责任及其处理，又可将影响因素分为工程延误和工程延期两大类。

1. 工程延误。由于承包商自身的原因造成的工期延长，称为工程延误。

由于工程延误所造成的一切损失由承包商自己承担，包括承包商在监理工程师的同意下所采取加快工程进度的任何措施所增加的费用。同时，由于工程延误所造成的工期延长，承包商还要向业主支付误期损失补偿费。由于工程延误所延长的时间不属于合同工期的一部分。

2. 工程延期。由于承包商以外的原因造成施工期的延长，称为工程延期。

经过监理工程师批准的延期，所延长的时间属于合同工期的一部分，即工程竣工的时间等于标书中规定的时间加上监理工程师批准的工程延期时间。可能导致工程延期的原因有工程量增加，未按时向承包商提供图样，恶劣的气候条件，业主的干扰和阻碍等。判断工程延期总的原则就是除承包商自身以外的任何原因造成的工程延长或中断。

在工程中出现的工程延长是否为工程延期，对承包商和业主都很重要。因此应按照有关的合同条件，正确地区分工程延误与工程延期，合理地确定工程延期的时间。

三、进度控制的主要方法

工程项目进度控制的方法主要有行政方法、经济方法和管理技术方法等。

（一）进度控制的行政方法

控制进度的行政方法，是指上级单位及上级领导、本单位的领导，利用其行政地位和权力，通过发布进度指令，进行指导、协调、考核；利用激励手段（奖、罚、表扬、批评等），监督、督促等方式进行进度控制。

使用行政方法进行进度控制，其优点是直接、迅速、有效，但要提倡科学性，防止主观、武断、片面的瞎指挥。

行政方法控制进度的重点应当是进度控制目标的决策和指导，在实施中应由实施者自己进行控制，尽量减少行政干涉。

通过行政手段审批项目建议书和可行性研究报告，对重大项目或大中型项目的工期进行决策，批准年度基本建设计划、制定工期定额，招投标办公室批准标底文件中的开、竣工日期及总工期等，都是行之有效的控制进度的行政方法。

（二）进度控制的经济方法

进度控制的经济方法，是指有关部门和单位用经济手段对进度控制进行影响和制约。主要有以下几种方法：建设银行通过投资投放速度控制工程项目的实施进度；在承包合同中写明有关工期和进度的条款；建设单位通过招标的进度优惠条件鼓励施工单位加快进度；建设单位通过工期提前奖励和工程延误罚款实施进度控制，通过物资的供应进行控制等。

（三）进度控制的管理技术方法

进度控制的管理技术方法主要是监理工程师的规划、控制和协调。所谓规划，是确定项目的总进度目标和分进度目标；所谓控制，是在项目进展的全过程中，进行计划进度与实际进度的比较，发现偏离，及时采取措施进行纠正。所谓协调，是协调参加工程建设各单位之间的进度关系。

四、进度控制的措施

进度控制的措施包括组织措施、技术措施、合同措施、经济措施和信息管理措施等。

（一）组织措施

工程项目进度控制的组织措施主要如下：

1.落实进度控制部门人员，具体控制任务和管理职责分工。

2.进行项目分解，如按项目结构分，按项目进展阶段分，按合同结构分，并建立编码体系。

3.确定进度协调工作制度，包括协调会议举行的时间，协调会议的参加人员等。

4.对影响进度目标实现的干扰和风险因素进行分析。风险分析要有依据，主要是根据多年统计资料的积累，对各种因素影响进度的概率及进度拖延的损失值进行计算和预测，并应考虑有关项目审批部门对进度的影响等。

（二）技术措施

工程项目进度控制的技术措施是指采用先进的施工工艺、方法等以加快施工进度。

（三）合同措施

工程项目进度控制的合同措施主要有分段发包，提前施工，以及合同期与进度计划的协调等。

（四）经济措施

工程项目进度控制的经济措施是采用它以保证资金供应的措施。

（五）信息管理措施

工程项目进度控制的信息管理措施主要是通过计划进度与实际进度的动态比较，收集有关进度的信息等。

五、项目实施阶段进度控制的主要任务

项目实施阶段进度控制的主要任务有设计前的准备进度控制、设计阶段的进度控制以及施工阶段进度控制等。

（一）设计前的准备阶段进度控制

设计前的准备阶段进度控制的任务主要如下：

1. 向建设单位提供有关工期的信息，协助建设单位确定工期总目标。

2. 编制项目总进度计划。

3. 编制准备阶段详细工作计划。

4. 施工现场条件调研和分析等。

（二）设计阶段进度控制

设计阶段进度控制的任务主要如下：

1. 编制设计阶段工作进度计划。

2. 编制详细的出图计划等。

（三）施工阶段进度控制

施工阶段进度控制的任务主要如下：

1. 编制施工总进度计划。

2. 编制施工年、季、月实施计划等。

六、建设项目进度控制实施系统

建设项目进度控制的实施系统如图 3-1 所示。

图 3-1 所示的系统关系是建设单位委托监理单位进行进度控制。监理单位根据建设监理合同分别对建设单位、设计单位、施工单位的进度控制实施监督。各单位都按

本单位编制的各种进度计划实施，并接受监理单位监督。各单位的进度控制实施又相互衔接和联系，进行合理而协调的运行，从而保证进度控制总目标的实现。

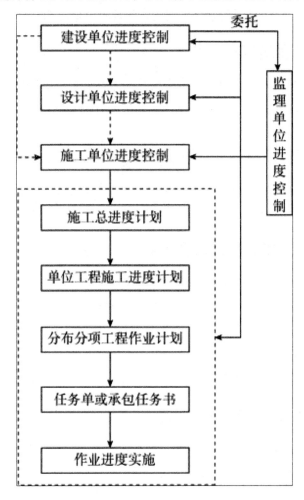

图3-1 建设项目进度控制实施系统

第二节 进度监测与调整的系统过程

一、进度监测的系统过程

在建设项目实施过程中，管理人员要经常监测进度计划的执行情况。进度检测系统过程包括以下工作。

（一）进度计划执行中的跟踪检查

跟踪检查的主要工作是定期收集反映实际工程进度的有关数据。收集的方式：一是以报表的形式；二是进行现场实地检查。收集的数据质量要高，不完整或不正确的进度数据将导致不全面或不正确的决策。

为了全面准确地了解进度计划的执行情况，管理人员还需认真做好以下三个方面的工作。

1. 经常定期地收集进度报表资料。进度报表是反映实际进度的主要方式之一，按进度检查规定的时间和报表内容，执行单位经常地填写进度报表。管理人员根据进度报表数据了解工程实际进度。

2. 现场检查进度计划的实际执行情况。加强进度检测工作，掌握实际进度的第一手资料，使其数据更准确。

3. 定期召开现场会议。定期召开现场会议，管理人员与执行单位有关人员面对面了解实际进度情况，同时也可以协调有关方面的进度。

究竟多长时间进行一次进度检查，是管理人员应当确定的问题。通常，进度控制的效果与收集信息资料的时间间隔有关，不经常定期地收集进度信息资料，就难以达到进度控制的效果。进度检查的时间间隔与工程项目的类型、规模、各相关单位有关条件等多方面因素相关。可视具体情况每月、每半月或每周进行一次。在特殊情况下，甚至可能每日进行一次。

（二）整理、统计和分析收集的数据

收集的数据要进行整理、统计和分析，形成与计划具有可比性的数据。例如，根据本期检查实际完成量确定累计完成量、本期完成的百分比和累计完成的百分比等数据资料。

（三）实际进度与计划进度对比

实际进度与计划进度对比是将实际进度的数据与计划进度的数据进行比较。通常，可以利用表格和图形进行比较，从而得出实际进度比计划进度拖后、超前还是一致。

项目进度监测系统过程，如图3-2所示。

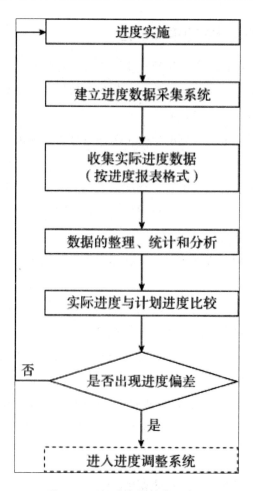

图3-2 项目进度监测系统过程

二、进度调整的系统过程

在项目进度监测过程中一旦发现实际进度与计划进度不符，即出现进度偏差时，进度控制人员必须认真分析产生偏差的原因及对后续工作和总工期的影响，并采取合理的调整措施，确保进度总目标的实现。

项目进度调整的系统过程，如图 3-3 所示。

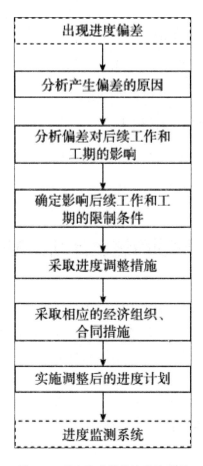

图3-3　项目进度调整的系统过程

（一）分析产生进度偏差的原因

经过进度监测的系统过程，了解到实际进度产生了偏差。为了调整进度，管理人员应深入现场进行调查，分析产生偏差的原因。

（二）分析偏差对后续工作和总工期的影响

在查明产生偏差原因之后，做必要的调整之前，要分析偏差对后续工作和总工期的影响，确定是否应当调整。

（三）确定影响后续工作和总工期的限制条件

在分析对后续工作和总工期的影响后，需要采取一定的调整措施时，应当首先确定进度可调整的范围，主要指关键工作、关键线路、后续工作的限制条件以及总工期允许变化的范围。它往往与签订的合同有关，要认真分析，尽量防止后续分包单位提出索赔。

（四）采取进度调整措施

采取进度调整措施，应以后续工作和总工期的限制条件为依据，对原进度计划进行调整，以保证要求的进度目标实现。

（五）实施调整后的进度计划

在工程继续实施中，将执行调整后的进度计划。管理人员要及时协调有关单位的关系，并采取相应的经济、组织与合同措施。

第三节　工程项目进度计划实施的分析对比

在通过检查收集到项目实际进度的有关数据资料后，应立即进行整理、统计和分析。得出实际完成工作量的百分比、累计完成工作量的百分比、当前项目实际进展状况等，并与计划进度的相关数据进行对比。这种对比可用表格形式进行，也可用图形表示。由于利用图形进行进度对比非常直观、简便，所以采用较多。通常采用的图形比较法有横道图比较法、S 形曲线比较法、"香蕉"形曲线比较法、横道图与"香蕉"形曲线综合比较法、垂直图比较法、前锋线法等。

一、横道图比较法

在用横道图表示的项目进度计划表中，用不同颜色或不同线条将实际进度横道线直接画在计划进度的横道线之下，就可十分直观、明确地反映实际进度与计划进度的关系。如图 3-4 所示为某工程的进度计划及其实际实施情况。图 3-4 中黑实矩形图为计划进度，空心矩形图为实际进度。从图中可知，在第 8 周末进行检查时，第 1、第 2 两项工作已按实际完成；第 3 项工作只完成了 2/3，实际进度比计划进度已拖后 2 周；第 4 项工作只完成了 1/7，与计划应完成 2/7 相比，实际进度比计划进度拖后了 1 周。因此，第 3、第 4 项工作必须采取相应措施，将工期追回。

这种比较方法直观、清晰，但只适用于各项工作都是匀速进行，即每单位时间内完成的工作量相等的情况。当工作安排为非匀速进行时，就要对横道图的表示方法稍做修改，使横道的长度只表示投入的工作时间，而所完成的工作量累计百分比在横道上下两侧用数字表示。

工作序号	工作名称	工作周数	施工进度（周）																			
			1	2	3	4	5	6	7	8	9	10	11	12	13	14	15	16	17	18	19	20	21
1	土方工程	2																					
2	桩基础	4																					
3	基础工程	3																					
4	主体工程	7																					
5	屋面工程	2																					
6	装饰工程	6																					
7	其他工程																						

检查日期

图3-4　某工程实际进度与计划进度的比较

二、S形曲线比较法

对于大多数工程项目来讲，在其开始实施阶段和将要完成的阶段，由于准备工作及其他配合事项等因素的影响，其进展一般都比较缓慢，而在项目实施的中间阶段，一切趋于正常，进展也要稍快一些，其单位时间内完成的工作量曲线如图3-5（a）所示，此时其累计完成工作量曲线就为一个中间陡，而两头平缓的形如"S"的曲线，如图3-5（b）所示。

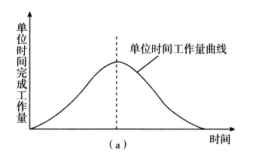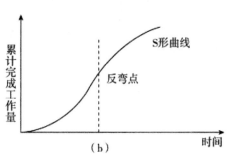

图3-5　时间与完成工作量关系曲线

当人们把计划进度和实际进度，用累计完成百分比曲线来表示时，即可得到图3-6所示S形曲线比较图。

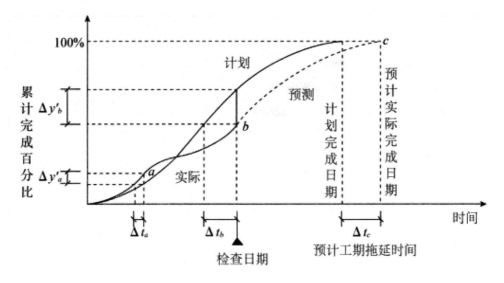

图3-6 S形曲线比较图

通过分析可以看出：

（一）工作实际进度与计划进度的关系

如按工作实际进度描出的点在计划 S 形曲线左侧（如 a 点），则表示此时刻实际进度已比计划进度超前；反之，则表示实际进度比计划进度拖后（如 b 点）。

（二）实际进度超前或拖后的时间

从图中我们可以得知实际进度比计划进度超前或拖后的具体时间（如图中的 Δta 及 Δtb）。

（三）工作量完成情况

由实际完成的 S 形曲线上的一点与计划 S 形曲线相对应点的纵坐标可得，此时已超额或拖欠的工作量的百分比差值（如图中的 Δy'a 及 Δy'b）。

（四）后期工作进度预测

在实际进度偏离计划进度的情况下，如工作不调整，仍按原计划安排的速度进行（如图中虚线所示），则总工期必将超前或拖延，从图中也可得知此时工期的预测变化值（如图中的 Δtc）。

三、"香蕉"曲线比较法

在绘制某个工程项目计划进度的累计完成工作量曲线时，当按各工作的最早开始时间得到一条 S 形曲线（简称 ES 曲线）后，在同一坐标上再按各工作的最迟开始时间绘制另一条 S 形曲线（简称 LS 曲线）。此时可发现，两条曲线除开始点和结束点重合外，其他各点，ES 曲线皆在 LS 曲线的左侧，形如一根"香蕉"，如图 3-7 所示，故称其为"香蕉"曲线。理想的工程项目实施过程，其实际进度曲线应处于香蕉状图形以内（如图 3-7 中的 R 曲线）。

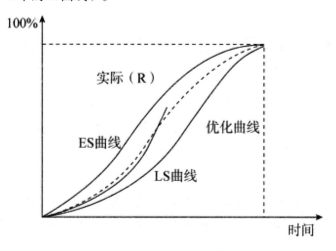

图3-7 "香蕉"曲线比较图

利用"香蕉"曲线进行比较，所获得信息和 S 形曲线基本一致，但由于它存在按最早开始时间的计划曲线和最迟开始时间的计划曲线构成的合理进度区域，从而使得判断实际进度是否偏离计划进度及对总工期是否会产生影响更为明确、直观。

四、横道图与"香蕉"曲线综合比较法

横道图与"香蕉"曲线综合比较法，是将横道图与"香蕉"曲线重叠绘制于同一图中，通过此图对实际进度进行比较。这种比较法最大的优点是既能反映工程项目中各项具体工作实际进度与计划进度的关系，又能反映工程项目本身总的进度与计划进度的关系。通过分析可以得到如下信息：

（1）通过横道图可以得知各项工作按最早开始时间和最迟开始时间的计划进度安排。

（2）通过"香蕉"曲线可以得知工程项目总体进度计划。

（3）通过横道图中实际进度线可以得知各项工作与计划进度的差距。

（4）通过工程项目实际进程的 S 形曲线位置，可以得知工程项目总体进度与计划进度的差距。

五、实际进度前锋线法

在用网络计划表示工程项目进度计划时，通常采用实际进度前锋线法来进行实际进度与计划进度的对比。（具体内容详见本章第五节）

第四节　工程项目施工阶段的进度控制

施工阶段是工程实体的形成阶段，对其进度进行控制是整个工程项目建设进度控制的重点。做好施工进度计划与项目建设总进度计划的衔接，并跟踪检查施工进度计划的执行情况，在必要时对施工进度计划进行调整，对于工程建设进度控制总目标的实现具有十分重要的意义。

工程管理人员进度控制的总任务是在满足工程项目建设总进度计划要求的基础上，编制或审核施工进度的计划，并对其执行情况加以动态控制，以确保工程项目按期竣工交付使用。

一、施工进度控制目标及其分解

保证工程项目按期建成交付使用，是工程建设施工阶段进度控制的最终目标。为了有效地控制施工进度，首先要对施工进度总目标从不同角度进行层层分解，形成施工进度控制目标体系，从而作为实施进度控制的依据。

工程建设施工进度控制目标体系，如图3-8所示。

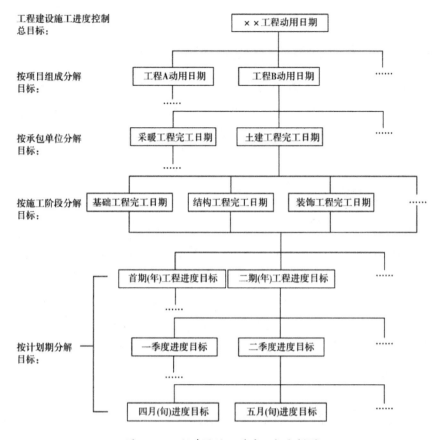

图3-8　工程建设施工进度目标分解图

从图 3-8 中可以看出，工程建设不但要有项目建成交付使用的确切日期这个总目标，还要有各单项工程交工动用的分目标以及按承包单位、施工阶段和不同计划期划分的分目标。各目标之间相互联系，共同构成工程建设施工进度控制目标体系。其中，下级目标受上级目标的制约，下级目标保证上级目标的实现，最终保证施工进度总目标的实现。

（一）按项目组成分解，确定各项工程开工及动用日期

各单项工程的进度目标在工程项目建设进度计划及工程建设年度计划中都有体现。在施工阶段应进一步明确各单项工程的开工和交工动用日期，以确保施工总进度目标的实现。

（二）按承包单位分解，明确分工条件和承包责任

在一个单项工程中有多个承包单位参加施工时，应按承包单位将单项工程的进度目标分解，确定各分包单位的进度目标，列入分包合同，以便落实分包责任，并根据各个专业工程交叉施工方案和前后衔接条件，明确不同承包单位工作面交接的条件和

时间。

（三）按施工阶段分解，划分进度控制分界点

根据工程项目的特点，应将其施工分成几个阶段，如土建工程可分为基础、结构和内外装修等阶段。每一阶段的起止时间都要有明确的标志。特别是不同单位承包的不同施工段之间，更要明确划定时间分界点，以此作为形象进度的控制标志，从而使单项工程进度目标具体化。

（四）按计划期分解，组织综合施工

将工程项目的施工进度控制目标按年度、季度、月（或旬）进行分解，并用实物工程量、货币工作量及形象进度表示，将更有利于工程管理人员对各承包单位的进度要求。同时，还可以据此监督其实施，检查其完成情况。计划期缩短，进度目标越细，进度跟踪就越及时，发生进度偏差时就更能有效地采取措施予以纠正。这样，就形成一个有计划有步骤协调施工，长期目标对短期目标自上而下逐级控制，短期目标对长期目标自上而下逐级保证，逐步趋近进度总目标的局面，最终达到工程项目按期竣工交付使用的目的。

二、施工进度控制目标的确定

为了提高进度计划的预见性和进度控制的主动性，在确定施工进度控制目标时，必须全面细致地分析与工程项目进度有关的各种有利因素和不利因素。只有这样，才能确定一个科学、合理的进度控制目标。确定施工进度控制目标的只要依据有工程建设总进度目标对施工工期的要求；工期定额、类似工程项目的实际进度；工程难易程度和工程条件的落实情况等。

在确定施工进度分解目标时，还应考虑：

1. 对于大型工程建设项目，应根据尽早分期分批交付使用的原则，集中力量分期分批建设，以便尽早投入使用，尽快发挥投资效益。这时，为保证每一交付使用部分能形成完整的生产能力，就要考虑这些部分交付使用时所必需的全部配套项目。因此，要处理好前期动用和后期建设的关系，每期工程中主体工程与辅助及附属工程之间的关系等。

2. 合理安排土建与设备的综合施工。要按照它们各自的特点，合理安排土建施工与设备基础、设备安装的先后顺序及搭接、交叉或平行作业，明确设备工程对土建工程的要求和土建工程为设备工程提供施工条件的内容及时间。

3. 结合本工程的特点，参考同类工程建设的经验来确定施工进度目标。避免只按

主观愿望盲目确定进度目标，而在实施过程中造成进度失控。

4.做好资金供应能力、施工力量配备、物资（材料、构配件、设备）供应能力与施工进度需要的平衡工作，确保工程进度目标的要求。

5.考虑外部协作条件的配合情况。包括施工过程中及项目竣工交付使用所需的水、电、气、通信、道路及其他社会服务项目的满足程序和满足时间。必须与有关项目的进度目标相协调。

6.考虑工程项目所在的区地形、地质、水文、气象等方面的限制条件。

总之，要想对工程项目的施工进度实施控制，就必须有明确合理的进度目标。

三、工程项目施工进度控制工作流程

工程项目施工进度控制工作流程，如图3-9所示。

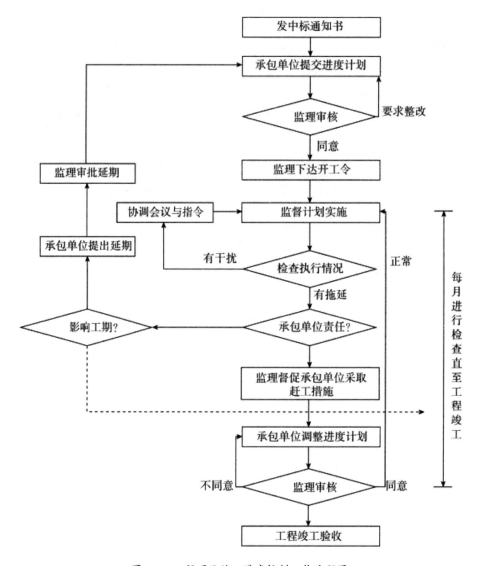

图3-9　工程项目施工进度控制工作流程图

四、工程项目施工进度控制工作内容

工程项目的施工进度从审核承包单位提交的施工进度计划开始，直至工程项目保修期满为止，其工作内容主要有：

（一）编制施工进度控制工作细则

施工进度控制工作细则主要内容包括：

1.施工进度控制目标分解图。

2.施工进度控制的主要工作内容和深度。

3. 进度控制人员的具体分工。

4. 进度控制有关各项工作的时间安排与工作流程。

5. 进度控制的方法（包括进度检查日期、数据收集方式、进度报表格式、统计分析方法等）。

6. 进度控制具体措施（包括组织措施、技术措施、经济措施以及合同措施等）。

7. 施工进度控制目标实现的风险分析。

8. 尚待解决的有关问题。

（二）编制或审核施工进度计划

施工总进度计划应确定分期分批的项目组成；各批工程项目的开工、竣工顺序以及时间安排；全场性准备工程，特别是首批准备工程的内容与进度安排等。

施工进度计划审核的内容主要有：

1. 进度安排是否符合工程项目建设总进度计划中总目标和分目标的要求，是否符合施工合同中开、竣工日期的规定。

2. 施工总进度计划中的项目是否有遗漏，分期工程是否满足分批交付使用的需要和配套交付使用的要求。

3. 施工顺序的安排是否符合施工程序的要求。

4. 劳动力、材料、构配件、机具和设备的供应计划是否能保证进度计划的实现，供应是否均衡，需求高峰期是否有足够能力实现计划供应。

5. 业主的资金供应能力是否能满足进度需要。

6. 施工进度的安排是否与设计单位的图样供应进度相一致。

7. 业主应提供的场地条件及原料、设备，特别是国外设备的到货与进度计划是否衔接。

8. 分包单位分别编制的各项单位工程施工进度计划之间是否相协调，专业分工与计划衔接是否明确合理。

9. 进度安排是否合理，是否有造成违约而导致索赔的可能。

（三）按年、季、月编制工程综合计划

在按计划期编制的进度计划中，工程管理人员应着重解决各承包单位施工进度计划之间，施工进度计划与资源（包括资金、设备、机具、材料及劳动力）保障计划之间及外部协作条件的延伸性计划之间的综合平衡与相互衔接问题。并根据上期计划的完成情况对本计划做必要的调整，从而作为承包单位近期执行的指令性计划。

（四）下达工程开工令

监理工程师应根据承包单位和业主双方关于工程开工的准备情况，选择合适的时机发布工程开工令。工程开工令的发布要尽可能及时，从发布工程开工令之日起加上合同工期后即为工程竣工日期。如果开工令拖延就等于推延了竣工时间，甚至可能引起承包单位的索赔。

为了检查双方的准备情况，在一般情况下应由监理工程师组织召开由业主和承包单位参加的第一次工地会议。业主应按照合同规定，做好征地拆迁工作，及时提供施工用地。同时还应当完成法律及财务手续，以便能及时向承包单位支付工程预付款。承包单位应当将开工所需要的人力、材料及设备准备好，同时还要按合同规定为监理工程师提供各种条件。

（五）协助承包单位实施进度计划

工程管理人员要随时了解施工进度计划执行过程中所存在的问题，并帮助承包单位予以解决，特别是承包单位无力解决的内外关系协调问题。

（六）监督施工进度计划的实施

这是工程项目施工阶段进度控制的经常性工作。工程管理人员不仅要及时检查承包单位报送的施工进度报表和分析资料，同时还要进行必要的现场实地检查，核实所报送的已完成项目时间及工程量，杜绝虚报现象。

在对工程实际进度资料进行整理的基础上，工程管理人员应将其与计划进度相比较，以判定实际进度是否出线偏差。如果出现进度偏差，工程管理人员应进一步分析此偏差对进度控制目标的影响程度及其产生的原因，以便研究对策，提出纠偏措施。必要时，还应对后期工程进度计划做适当的调整。

（七）驻地现场协调会

工程管理人员应每月、每周定期召开现场协调会议，以解决工程施工过程中的相互协调配合问题。在每月召开的高层协调会上通报工程项目建设中的变更事项，协调其后果处理，解决各个承包单位之间以及业主与承包单位之间的重大协调配合问题。在每周召开的管理层协调会上，通报各自进度状况，存在的问题及下周的安排，解决施工中的相协调配合问题。通常包括：各承包单位之间的进度协调问题；工作面交接和阶段成品保护责任问题；场地与公用设施利用中的矛盾问题；某一方面断水、断电、断路、开挖要求对其他方面的协调问题以及资源保障、外协条件配合问题等。

在平行、交叉施工单位多，工序交接频繁且工期紧迫的情况下，现场协调会甚至需要每日召开。在会上通报和检查当天的工程进度，确定薄弱环节，部署当天的赶工任务，以便为次日正常施工创造条件。

对于某些未曾预料的突发变故或问题，工程管理人员还可以通过发布紧急协调指令，督促有关单位采取应急措施维护工程施工的正常秩序。

（八）签发工程进度款支付凭证

工程管理人员应对承包单位申报的已完分项工程量进行核实，在质量监理人员通过检查验收后签发工程进度款支付凭证。

（九）审批工程延期

1.工程延误。当出现工程延误时，工程管理人员有权要求承包单位采取有效措施加快施工进度。如果经过一段时间后，实际进度没有明显改进，仍然拖后于计划进度，而且显然将影响工程按期竣工时，工程管理人员应要求承包单位修改进度计划，并提交工程管理人员重新确认。

工程管理人员对修改后的施工进度计划的确认，并不是对工程延期的批准，它只是要求承包单位在合理的状态下施工。因此，工程管理人员对进度计划的确认，并不能解除承包单位应负的一切责任，承包单位需要承担赶工的全部额外开支和误期损失赔偿。

2.工程延期。如果由于承包单位以外的原因造成工期拖延，承包单位有权提出延长工期的申请。工程管理人员应根据合同规定，审批工程延期时间。经工程管理人员核实批准的工程延期时间，应纳入合同工期，作为合同工期的一部分。即新的合同工期应等于原定的合同工期加上工程管理人员批准的工程延期时间。

工程管理人员对于施工进度的拖延是否为工期延期，对承包单位和业主都十分重要。承包单位得到工程管理人员批准的工期延期，不仅可以不赔偿由于工期延长而支付的误期损失费，而且还要由业主承担由于工期延误所增加的费用。

（十）向业主提供进度报告

工程管理人员应随时整理进度资料，并做好工程记录，定期向业主提交工程进度报告。

（十一）督促承包单位整理技术资料

工程管理人员要根据工程进展情况，督促承包单位及时整理有关技术资料。

（十二）审批竣工申请报告，协助组织竣工验收

当工程竣工后，工程管理人员应审批承包单位在自行预验基础上提交的初验申请报告，组织业主和设计单位进行初验。在初验通过后填写初验报告及竣工申请书，并协助业主组织工程项目的竣工验收，编写竣工验收报告书。

（十三）处理证议和索赔

在工程结算过程中，工程管理人员要处理有关争议和索赔问题。

（十四）整理工程进度资料

在工程完工以后，工程管理人员应将工程进度资料收集起来，进行归类、编目和建档，以便今后其他类似工程项目的进度控制提供参考。

（十五）工程移交

工程管理人员应督促承包单位办理工程移交手续，颁发工程移交证书。在工程移交后的保修期内，还要处理验收后质量问题的原因即责任等争议问题，并督促责任单位及时修理。当保修期结束且在无争议时，工程项目进度控制的任务即告完成。

五、施工进度计划的编制

施工进度计划是表达各项工程与工程项目内部各施工过程的施工顺序、开始和结束时间以及相互衔接关系的计划。它既是承包单位进行现场施工管理的核心指导文件，也是监理工程师实施进度控制的依据。施工进度计划通常是按工程对象编制的。

（一）施工总进度计划的编制

施工总进度计划一般是指以一个工程项目为对象编制的施工进度计划。它是用来确定工程项目中所包含的各单项工程或单位工程的施工顺序、施工时间以及相互间衔接关系的计划。编制施工总进度计划的依据有施工总方案、资源供应条件、各类定额资料、合同文件、工程建设总进度计划、工程交付使用时间目标、建设地区自然条件以及有关技术经济资料等。

1.计算工程量

根据批准的工程项目一览表，按单位工程分别计算其主要实物工程量，不仅是为了编制施工总进度计划，而且还为了编制施工方案和选择施工、运输机械，初步规划主要施工过程的流水施工，以及计算人工及技术物资的需要量。因此，工程量只需粗略的计算即可。

工程量的计算可按初步设计（或扩大初步设计）图样和有关定额或资料进行。

2.确定各单位工程的施工期限

各单位工程的施工期限应根据合同工期确定，同时还要考虑建筑类型、结构特征、施工方法、施工管理水平、施工机械化程度及施工现场条件等因素。如果在编制施工总进度计划时没有合同工期，则应保证计划工期不超过工期定额。

3.确定各单位工程的开竣工时间和相互搭接关系

确定各单位工程的开竣工时间和相互搭接关系主要应考虑以下几点：

（1）同一时期施工的项目不宜过多，以避免人力、物力过于分散。

（2）尽量做到均衡施工，使劳动力、施工机械和主要材料的供应在整个工期内达到均衡。

（3）尽量提前建设可供工程施工使用的永久性工程，以节省临时工程费用。

（4）急需和关键的工程先施工，以保证工程项目如期交工。对于某些技术复杂、施工周期较长、施工困难较多的工程，亦应安排提前施工，以利于整个工程项目按期交付使用。

（5）施工顺序必须与主要生产系统投入生产的先后次序相吻合。同时，还要安排好配套工程的施工时间，以保证建成的工程能迅速投入生产或交付使用。

（6）应注意季节对施工顺序的影响，使施工季节不导致工期拖延，不影响工程质量。

（7）安排一部分附属工程或零星项目作为后备项目，用以调整主要项目的施工进度。

（8）注意主要工种和主要施工机械能连续施工。

4.编制初步施工总进度计划

施工总进度计划应安排全场性的流水作业。全场性的流水安排应以工程量大、工期长的单项工程或单位工程为主导，组织若干条流水线，并以此带动其他工程。

5.编制正式施工总进度计划

初步施工总进度计划编制完成后，要对其进行检查。主要是检查总工期是否符合要求，资源是否均衡且其供应是否能得到保证。如果出现问题，则应进行调整。调整的主要办法是改变某些工程的起止时间或调整主导工程的工期。

正式的施工总进度计划确定后，应据以编制劳动力、物资、大型施工机械等资源的需用量计划，以便组织供应，保证施工总进度计划的实现。

（二）单位工程施工进度计划的编制

单位工程施工进度计划，是在既定施工方案的基础上，根据规定的工期和各种资源供应条件，对单位工程中的各分部分项工程的施工顺序、施工起止时间以及衔接关系进行的计划安排。其编制的主要依据有施工总进度计划、单位工程施工方案、合同工期或定额工期、施工定额、施工图和施工预算、施工现场条件、资源供应条件、气象资料等。

1. 编制程序

单位工程施工进度计划的编制程序，如图 3-10 所示。

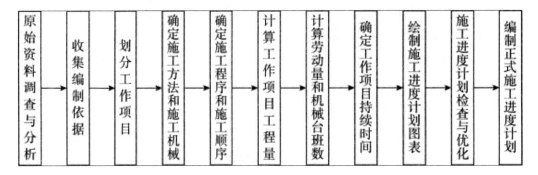

图3-10 单位工程施工进度计划的编制程序

2. 编制方法

单位工程施工进度计划的编制方法如下：

（1）划分工作项目。工作项目是包括一定工作内容的施工过程，它是施工进度计划的基本组成单元。工作项目内容的多少、划分的粗细程度，应该根据计划的需要来决定。对于大型工程项目，经常需要编制控制性施工进度计划，此时工作项目可划分得简单一些，一般只明确到分部工程。如在装配式单层厂房控制性施工进度计划中，只列土方工程、基础工程、预制工程、安装工程等各分部工程项目。如果编制实施性施工进度计划，工作项目就应划分得细一些。在一般情况下，单位工程施工进度计划中的工作项目应明确到分项工程或更具体，以满足指导施工作业，控制施工进度的要求。

（2）确定施工程序和顺序。确定施工顺序是为了按照施工的技术规律和合理的组织关系解决各工作项目之间在时间上的先后和搭接问题，以达到保证质量、安全施工、充分利用空间、争取时间、实现合理安排工期的目的。

一般来说，施工顺序受施工工艺和施工组织两个方面的制约。但施工方案确定之后，工作项目之间的工艺关系也就确定。如果违背这种关系则将不可能施工，或者导致工程质量事故和安全事故的出现，或者造成返工浪费。

工作项目之间的组织关系是由于劳动力、施工机械、材料和构配件等资源的组织和安排需要而形成的。它不是由工程本身决定的，而是一种人为的关系。组织方式不同，组织关系也就不同。不同的组织关系会产生不同的经济效果。应通过调整组织关系并将工艺关系和组织关系有机地结合起来，形成工作项目之间的合理顺序关系。

不同的工程项目，其施工顺序不同。即使是同一类工程项目，其施工顺序也难以做到完全相同。因此，在确定施工顺序时，必须根据工程的特点、技术组织上的要求以及施工方案等进行研究，不能拘泥于某种固定的顺序。

（3）计算工程量。工程量的计算应根据施工图和工程量计划规则，针对所划分的每一个工作项目进行。当编制施工进度计划时已有预算文件且工作项目的划分与施工进度计划一致时，可以直接套用施工预算的工程量，不必重新计算。若某些项目有出入，但出入不大时，应结合工程的实际情况进行某些必要调整。计算工程量时应注意以下问题：

①工程量的计量单位应与现行定额手册中所规定的计量单位相一致，以便计算劳动力、材料和机械数量时直接套用定额，而不必进行换算。

②要结合具体的施工方法和安全技术要求计算工程量。例如，计算土方工程量时应根据所采用的施工方法（单独基坑开挖、基槽开挖还是大开挖）和边坡稳定要求（放边坡还是加支撑）进行计算。

③结合施工组织的要求，按以划分的施工段分层分段进行计算。

（4）计算劳动量和机械。计算劳动量和机械台班数时，应首先确定所采用的定额。定额有时间定额和产量定额两种，可以任选其一。其值可以直接由现行施工定额手册中查出，也可考虑施工承包单位的实际生产水平对其进行必要的调整，以使单位施工进度计划更切合实际。对有些新技术和特殊的施工方法，定额手册中尚未列出的，可参考类似工程项目的定额或通过实测确定。某工作项目时有干各分项工程合并而成时，则应分别根据各分项工程的时间定额（或产量定额）及工程量，计算出合并后的综合时间定额（或综合产量定额）。根据工作项目的工程量和所采用的定额，计算出各工作项目所需的劳动量和机械台班数。零星项目所需要的劳动量可结合实际情况，根据承包单位的经验进行估算。由于水、暖、电、卫等工程通常由专业施工单位施工，因此，在编制施工进度计划时，不计算其劳动量和机械台班数，仅安排其与土建施工相配合的进度。

（5）确定工作项目的持续时间。根据工作项目所需要的劳动量或机械台班数，以及该工作项目每天安排的工人数或配备的机械台数，即可计算出各工程项目的持续时间。在安排每班工人数和机械台数时，应综合考虑以下问题：

①要保证各个工作项目上工人班组中的每一个工人拥有足够的工作面（不能小于最小工作面），以发挥工作效率，并保证施工安全。

②要使各个工作项目上的工人数量不低于正常施工时所必需的最低限度（不能小于最小劳动组合），以达到最高的劳动生产率。

由此可见，最小工作面限定了每班安排人数的上限，而最小劳动组合限定了每班安排人数的下限。对于机械台数的确定也是如此。

每天的工作班数应根据工作项目施工的技术要求和组织要求来确定。例如，浇筑大体积混凝土，要求不留施工缝连续浇筑时，就必须根据混凝土工程量决定采用两班或三班。

以上是根据安排的工人数和配备的机械台数来确定工程项目的持续时间。但有时根据组织要求（如组织流水施工），需要采用倒排的方式来安排进度。即先确定各工作项目的持续时间，然后以此确定所需要的工人数和机械台数。如果求得的工人数或机械台数已超过承包单位现有的人力、物力，除了寻求其他途径增加人力、物力，承包单位应从技术上和施工组织上采取积极措施加以解决。

（6）绘制施工进度计划。绘制施工进度计划，首先应选择施工进度计划的表达方式。目前，表达工程进度计划的常用方法有横道图和网络图两种形式。

（7）施工进度计划的检查与调整。当施工进度计划初始方案编制好以后，需要对其进行检查与调整，以便使进度计划更合理。进度计划的内容主要有：

①各工作项目的施工循序、平行搭接和技术间歇时间是否合理。

②总工期是否满足规定合同规定。

③主要工种的工人是否能满足连续、均匀施工的要求。

④主要机具、材料等的利用是否均衡和充分。

在上述四个方面，首要的是前两个方面的检查，如果不满足要求，必须进行调整。只有在前两个方面均达到要求的前提下，方能进行后两个方面的检查与调整。前者是解决可行与否的问题，而后者则是优化的问题。

六、施工进度计划实施中的检查与调整

施工进度计划由承包单位编制完成后，应提交给监理工程师审查，待监理工程师审查确定后即可付诸实施。

（一）影响工程项目施工进度的因素

为了对工程项目的施工进度进行有效的控制，工程管理人员必须在施工进度计划实施之前对影响工程项目施工进度的因素进行分析，进而提出保证施工进度计划实施成功的措施，以实现对工程项目施工进度的主动控制。影响工程项目施工进度的因素有很多，归纳起来，主要有以下几个方面。

1. 工程建设相关单位的影响

影响工程项目施工进度的单位不只是施工承包单位。事实上，只要是与工程建设有关的单位（如政府有关部门、业主、设计单位、物资供应单位、资金贷款单位，以及运输、通信、供电等部门等），其工作进度的拖后将对施工进度产生影响。因此，控制施工进度仅仅考虑施工承包单位是不够的，必须协调好各相关单位之间的进度关系。而对于那些无法进行协调控制的进度关系，在进度计划的安排中应留有足够的机动时间。

2. 物资供应进度的影响

在施工过程中需要的材料、构配件、机具和设备等，如果不能按期运抵施工现场或者运抵施工现场后发现其质量不符合有关标准的要求，都会对施工进度产生影响。因此，工程管理人员应严格把关，采取有效措施控制好物资供应进度。

3. 资金的影响

工程施工的顺利进行必须有足够的资金作保障。一般来说，资金的影响主要来自业主，或者是由于没有及时给足工程预付款，或者是由于拖欠了工程进度款，都会影响到承包单位流动资金的周转，进而拖延施工进度。工程管理人员应根据业主的资金供应能力，安排好施工进度计划，并督促业主及时拨付工程预付款和工程进度款，以免因资金供应不足拖延进度，导致工期索赔。

4. 设计变更的影响

在施工过程中，出现设计变更是难免的，或者是由于原设计有问题需要修改，或者是由于业主提出了新的要求，或者是工程承包单位提出了合理化建议等。工程管理人员应加强图样审查，严格控制随意变更。

5. 施工条件的影响

在施工过程中，一旦遇到气候、水文、地质及周围环境等方面的不利因素，必然会影响到施工进度。此时，承包单位应利用自身的技术组织能力予以克服。

6. 各种风险因素的影响

风险因素包括政治、经济、技术以及自然等方面的各种可预见或不可预见的因素。政治方面的有战争、内乱、罢工、拒付债务制裁等；经济方面的有延迟付款、汇率浮动、换汇控制、通货膨胀、分包单位违约等；技术方面的有工程事故、试验失败、标准变化等；自然方面的有地震、洪水等。工程管理人员必须对各种风险因素进行分析，提出控制风险、减少风险损失及对施工进度影响的措施，并对发生的风险事件给予恰当的处理。

7. 承包单位自身管理水平的影响

施工现场的情况千变万化，如果承包单位的施工方案不当、计划不周、管理不善、解决问题不及时等，都会影响工程项目的施工进度。承包单位应通过总结、分析吸取教训，及时改进。

正是上述因素的影响，使得施工阶段的进度控制显得非常重要。在施工进度计划的实施过程中，工程管理人员一旦掌握了工程的实际进展情况以及产生问题的原因之后，其影响是可以得到控制的。当然，上述某些影响因素，如自然灾害是无法避免的，但在大多数情况下，其损失是可以通过有效的进度控制而得到弥补的。

（二）施工进度的检查与监督

在施工进度计划的实施过程中，由于各种因素的影响，常常会打乱原始计划的安排而出现进度偏差。因此，激励工程师必须定期地、经常地对施工进度计划的执行情况进行检查和监督，并分析进度偏差产生的原因，以便为施工进度计划的调整提供必要的信息。

1.施工进度的检查方式

在工程项目的施工过程中，工程管理人员可以通过以下方式获得工程项目的实际进展情况。

（1）定期、经常地收集有关进度报表、资料。报表的内容根据施工对象及承包方式的不同而有所区别，但一般应包括工作的开始时间、完成时间、持续时间、逻辑关系、实物工程量和工作量，以及工作时差的利用情况等。

（2）现场跟踪检查工程项目的实际进展情况。视工程项目的类型、规模、施工现场的条件等多方面的因素来确定每隔多长时间检查一次。可以每月或每半月检查一次，也可以每旬或每周检查一次。如果在一施工阶段出现不利情况，甚至需要每天检查。

除上述两种方式外，召开现场会议也是获得工程项目实际进展情况的一种方式。通过这种面对面交谈，工程管理人员可以从中了解到施工过程的潜在问题，以便及时采取相应的措施加以预防。

2.施工进度的检查方法

施工进度检查的主要方法是对比法。即利用前面的所述方法将经过整理的实际进度数据与计划进度数据进行数据比较，从中发现是否出现进度偏差以及进度偏差的大小。

通过检查分析，如果进度偏差比较小，应在分析其产生原因的基础上采取有效措施，解决矛盾，排除障碍，继续执行原进度计划。如果经过努力，确实不能按原计划实现时，则再考虑对原计划进行必要的调整。即适当延长工期，或改变施工速度。计划的调整一般是不可避免的，但应当慎重，尽量减少变更计划性的调整。

3.施工进度计划的调整

通过检查分析，如果发现原有进度计划已不能适应实际情况时，为了确保进度控制目标的实现或需要确定新的计划目标，就必须对原有进度计划进行调整，以形成新的进度计划，作为进度控制的新依据。

施工进度计划的调整方法如前所述，主要有两种：一是通过压缩关键工作的持续时间来缩短工期；二是通过组织搭接作业或平行作业来缩短工期。在实际工作中，应根据具体情况选用上述方法进行进度计划的调整。

（1）压缩关键工作的持续时间。这种方法的特点是不改变工作之间的先后顺序关系，而通过缩短网络计划中关键线路上关键工作的持续时间来缩短工期。这时，通常需要采取一定的措施来达到目的。具体措施包括：

①组织措施。增加工作面，组织更多的施工队伍；增加每天的施工时间（如采用三班制）等；增加劳动力和施工机械的数量。

②技术措施。改进施工工艺和施工技术，缩短工艺技术间歇时间；采用更先进的施工方法，以减少施工过程的数量（如将现浇楼板改为预制楼板）；采用更先进的施工机械。

③经济措施。实行包干奖励；提高奖金数额；对所采取的技术措施给予相应的经济补偿。

④其他配套措施。改善外部配套条件；改善劳动条件；实施强有力的调度等。

一般来说，不管采取哪种措施，都会增加费用。因此，在调整施工进度计划时，应利用费用优化的原理选择费用增加最少的关键工作作为压缩对象。

（2）组织搭接作业或平行作业。这种方法的特点是不改变工作的持续时间，而只改变工作的开始时间和完成时间。对于大型工程项目，由于其单位工程较多相互间的制约比较小，可调整的幅度比较大，所以容易采取用平行作业的方法来调整施工进度计划。而对于单位工程项目，由于受工作之间工艺关系的限制，可调整的幅度比较小，所以通常采用搭接作业的方法来调整施工进度计划。但不论是搭接作业还是平行作业，工程项目在单位时间内的资源需求量都将会增加。

除了分别采用上述两种方法来缩短工期，有时由于工期拖得太多，当采用某种方法进行调整，其可调整的幅度又受到限制时，还可以同时利用这两种方法对同一施工进度计划进行调整以满足工期目标的要求。

七、工程延期

（一）工程延期的申报与审批

1. 工程延期的申报条件

由于以下原因导致工程拖期，承包单位有权提出延长工期的申请。

（1）工程设计变更而导致工程量增加。

（2）合同中所涉及的任何可能造成工程延期的原因，如延期交图，工程暂停、对合格工程的剥离检查及不利的外界条件等。

（3）异常恶劣的气候条件。

（4）业主造成的任何延误、干扰或障碍，如未及时提供施工场地、未及时付款等。

（5）除承包单位自身以外的其他任何原因。

2. 工程延期的审批程序

工程延期的审批程序，如图 3-11 所示。

当工程延期事件发生后，承包单位应在合同规定的有效期内以书面形式（即工程延期意向通知）通知监理工程师，以便于监理工程师尽早了解所发生的事件，及时做出一些减少延期损失的决定。随后，承包单位应在合同规定有效期内（或监理工程师可能同意的合理期限内）向监理工程师提交详细的申诉报告（延期理由与依据）。监理工程师收到该报告后应及时进行调查核实，准确地确定工程延期的时间。

当延期事件具有持续性，承包单位在合同规定的有效期内不能提交最终详细的申报时，应先向监理工程师提交阶段性的详情报告。监理工程师应在调查核实阶段性报告的基础上，尽快做出延长工期的临时决定。临时决定的延期时间不宜太长，一般不应超过最终批准的延长时间。

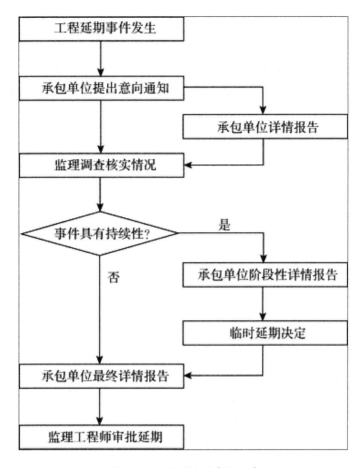

图3-11　工程延期的审批程序

待延期事件结束后，承包单位应在合同规定的期限内向监理工程师提交最终的详情报告。监理工程师应复查详情报告的全部内容，然后确定该延期时间所需的延期时间。

如果遇到比较复杂的延期事件，监理工程师可以成立专门的小组进行处理。对于一时难以做出结论的延期事件，即使不属于持续性的事件，也可以采用先做出临时延期的决定，然后再做出最后决定的办法。这样既可以保证有充足的时间处理延期事件，又可以避免由于处理不及时而造成的损失。

3.工程延期的审批原则

在审批工程延期时应遵循下列原则：

（1）合同原则。监理工程师批准的工程延期必须符合合同条件。也就是说，导致工程拖延的原因确实是属于承包单位自身以外的，否则不能批准为工程延期。这是审批工程延期的一条根本原则。

（2）关键线路。发生延期事件的工程部位，必须在施工进度计划的关键线路上时，才能批准工程延期。如果工程延期发生在非关键线路上，且延长的时间并未超过其总时差时，即使符合批准为工程延期的合同条件，也不能批准工程延期。工程项目的关键线路并非固定不变，它会随着工程的进展和情况的变化而转移。

（3）实际情况。批准的工程延期必须符合实际情况。为此，承包单位应对延期事件发生后的各类有关细节进行详细的记载，并及时向监理工程师提交详细报告。与此同时，监理工程师也应对施工现场进行详细考察和分析，并做好有关记录，从而为合理确定工程延期时间提供可靠依据。

（二）工程延期的控制

发生工程延期事件，不仅影响工程的进展，而且会给业主带来损失。因此，应做好以下工作，以减少或避免工程延期事件的发生。

1. 选择合适的时机下达工程开工令

监理工程师在下达开工令之前，应充分考虑业主的前期准备工作是否充分。特别是征地、拆迁问题是否已解决，设计图纸是否能及时提供，以及付款方面有无问题等，以避免由于上述问题缺乏准备而造称工程延期。

2. 业主严格履行承包合同中所规定的职责

在施工过程中，业主应严格履行自己的职责，提前做好施工场地与设计图纸的提供工作，并能及时支付工程进度款，以减少或避免由此而造成的工程延期。

3. 妥善处理工程延期事件

当延期事件发生以后，应根据合同规定进行妥善处理。既要尽量减少工程延期事件及其损失，又要在详细调查研究的基础上合理批准工程延期时间。

另外，业主在施工过程中应尽量减少干预，多协调，以避免由于业主的干扰和阻碍而导致延期事件。

（三）工期延误的制约

如果由于承包单位自身的原因造成工期拖延，而承包单位又未按照监理工程师的指令改变延期状态时，按照FIDIC合同条件的规定，通常可以采用下列手段予以制约。

1. 停止付款

按照FIDIC合同条件规定，当承包单位的施工活动不能使监理工程师满意时，监理工程师有权拒绝承包单位的支付申请。因此，当承包单位的施工进度拖后，又不采取积极措施时，监理工程师可以采取停止付款的手段制约承包单位。

2. 误期损失赔偿

停止付款一般是监理工程师在施工过程中制约承包单位延误工期的手段，而误期损失赔偿则是当承包单位未能按合同规定的工期完成合同范围内的工作时对其处罚。

按照 FIDIC 合同条件规定，如果承包单位未能按合同规定的工期和条件完成整个工程，则应向业主支付投标书附件中规定的金额，作为该项违约的损失赔偿费。

3. 终止对承包单位的雇佣

为了保证合同工期，FIDIC 合同条件规定，如果承包单位严重违反合同，而又不采取补救措施，则业主有权终止对其雇佣。例如，承包单位接到监理工程师的开工通知后，无正当理由推迟开工时间，或在施工过程中无任何理由要求延长工期，施工进度缓慢，又无视监理工程师的书面警告等，都有可能受到终止雇佣的处罚。

终止雇佣是对承包单位违约的严厉制裁。因此，业主一旦终止了对承包单位的雇佣，承包单位不但要被驱逐出施工现场，而且还要承担由此而造成的业主的损失。

第五节　网络计划执行中的管理

一、网络计划执行中的管理内容

网络计划执行中的管理工作主要包括以下内容：

1. 检查并掌握实际施工进度情况，进行跟踪记载。

2. 分析计划提前或拖后的主要原因。

3. 决定应采取的相应措施或补救办法。

4. 及时调整计划。

二、实际施工进度的记载

记载实际施工进度是检查和调整网络计划的依据，并有利于积累资料，总结分析，不断提高进度计划编制和管理水平。

在应用和推广网络计划方法的实践中，施工管理人员创造了很多记载实际施工进度的方法。下面介绍一些简便的常用方法。

（一）各项工作实际作业时间的记载

如某工作计划作业时间为 7d，而实际作业时间为 8d，其表示方法如图 3-12 所示，括号中的数字表示工作实际作业时间。

（二）各项工作实际开始、结束日期的记载

例如，某工作于 6 月 1 日开始，6 月 6 日结束，其表示方法如图 3-13 所示。i-j 工

作开始节点右下方的分数表示工作的实际开始日期，结束节点的左下方的分数表示工作的实际结束日期。

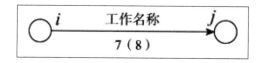

图3-12　工作实际作业时间记载方法

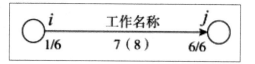

图3-13　工作实际开始、结束日期记载方法

（三）已完成工作的记载

如图 3-14 所示，若工作 12-13、13-14、13-15、15-16 已完成，则可在其节点符号内涂上不同颜色或阴影线或其他方式表示。这样就可以把已完成的工作与未完成的工作区别开来，随时可以看出哪些工作已完成，哪些工作待施工，也可以帮助计划管理人员发现可能出现的漏项或存在的问题。

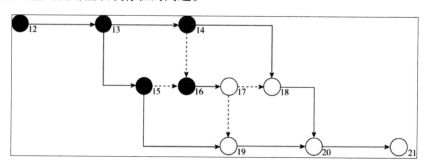

图3-14　已完成工作记载方法

（四）绘制网络图

随着工程的进展，绘制实际进度网络图，可以发现计划与实际不符合的情况，有助于计划工作的总结和资料的积累。实际进度网络图宜采用时标网络图的形式，以便反映出日历日期，并把施工中出现的客观影响因素（如停工待料、大风、下雨、停电等）造成的停工现象都标注在图上。

三、网络计划的检查

网络计划的定期检查是监督计划执行情况的最有效方法。检查网络计划，首先必须收集反映网络计划实际执行情况的有关信息，按照一定的方法进行记录。

网络计划检查的记录方法主要有以下几种。

（一）用实际进度前锋线记录计划执行情况

实际进度前锋线（简称前锋线）是我国首创的、用于时标网络计划的控制工具。它是在网络计划执行中的某一时刻正在进行的各项工作的实际进度前锋的连线。在时标网络图上绘制前锋线的关键是标定工作的实际进度前锋的位置。

前锋线应自上而下地从检查的时间刻度出发，用直线依次连接各项工作的实际进度前锋点，最后到达计划检查的时间刻度为止。前锋线可用彩色线标画，不同检查时刻绘制的相邻前锋线可采用不同颜色标画。

前锋线的标定方法有按已完成的工程实物量比例标定和按完成该工作所需时间标定两种。

1. 按已完成的工程实物量比例标定。时标图上箭线的长度与相应工作的持续时间相对应，也与其工程实物量成正比。检查进度计划时，某工作的工程实物量完成了几分之几，其前锋线就从表示该工作的箭线起点自左至右标在箭线长度几分之几的位置。

2. 按完成该工作所需时间标定。有些工作的持续时间是难以按工程实物量来计算的，只能根据经验用其他办法来估算。要标定检查进度计划时的实际进度前锋位置，可采用原来的估算方法估算出该时刻到该工作全部完成还需要的时间，从表示该工作的箭线末端反向自右至左标出前锋位置。

（二）在图上用文字或适当的符号记录

当采用无时标网络计划时，可在图上直接用文字、数字、适当符号或列表记录进度计划实际执行情况。如图 3-15 所示，图中点画线代表实际进度。方括号 [] 中数字表示在第 15 天结束时尚需要的作业天数。

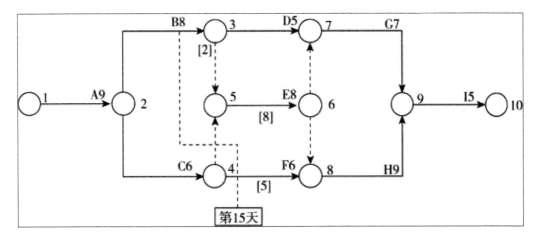

图3-15　无时标网络计划进度计划检查记录方法

对网络计划的检查应定期进行，检查周期的长短应根据计划工期的长短和管理的需要确定。定期检查根据计划的作业性和控制性程度不同，可按一日、双日、五日、周、旬、半月、一月、一季度、半年等为周期。定期检查有利于检查的组织工作，使检查有计划性，还可使网络计划检查成为例行性工作。

应急检查是指当计划执行突然出现意外情况而进行的检查，或者是上级派人检查及进行特别检查。应急检查之后可采取"应急措施"，其目的是保证资源供应、排除障碍等，以保证或加快原计划进度。

（三）网络计划检查的主要内容

1.关键工作进度（为了采取措施调整或保证计划工期）。

2.非关键工作进度及尚可利用的时差（为了更好地发掘潜力，调整或优化资源，并保证关键工作按计划实施）。

3.实际进度对各项工作之间逻辑关系的影响（为了观察工艺关系或组织关系的执行情况，以进行适时地调整）。

4.费用资料分析。

四、网络计划检查结果分析

对网络计划执行情况的检查结果进行分析判断，即对工作的实际进度做出正常、提前或延误的判断；对未来进度状况进行预测，做出网络计划的计划工期可按期实现、提前实现或拖期的判断。

（一）对时标网络计划用前锋线进行检查与分析

分析目前进度。以表示检查计划时刻的日期线为基准线，前锋线可以看成描述实际进度的波形图。前锋线处于波峰上的线路相对于相邻线路超前，处于波谷上的线路相对于相邻线路落后；前锋点在基准线前面（右侧）的线路比原计划超前，在基准线后面（左侧）的线路比原计划落后。画出了前锋线，整个工程在该时刻的实际进度便一目了然。

以图3-16中第Ⅰ条线路为例，6月25日检查时处于波峰，它相对于线路Ⅱ超前，其前锋在基准线（6月25日）之前，表示计划超前1天。7月10日检查，它处于波谷，比线路Ⅱ落后，其前锋在基准线（7月10日）之后，表示延期1天，但由于其存在总时差1天，不致影响该线路按期完成。

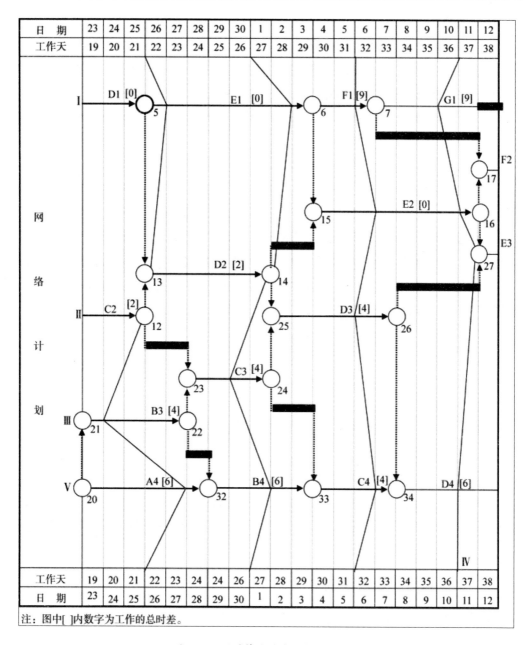

图3-16 用前锋线检查时标网络计划

（二）预测未来进度

将现时刻的前锋线与前一次检查时的前锋线进行对比分析，可以在一定范围内对工程未来的进度和变化趋势做出预测。

在这里要引进进度比的概念。进度比是指前后两条前锋线在某条线路上截取的线段长度 ΔX 与这两条前锋线的时间间隔 ΔT 之比，用 B 表示。

$B=\Delta X/\Delta T$

B 的大小反映了该条线路的实际进展速度的大小，某条线路的实际进展速度与原计划相比是快、是慢或相等时，B 相应地大于 1、小于 1 或等于 1。根据 B 的大小，就有可能对该条线路未来的进展速度做出定量的预测。

以图 3-16 中 6 月 25 日和 6 月 30 日两条前锋线为例，其时间间隔是 5 天，它们在线路 I 上截取的长度为 6 天，那么：

$B=\Delta X/\Delta T=6/5=1.2$

即平均每天完成原定 1.2 天的任务，6 月 30 日线路 I 比原计划超前 2 天，如果进展速度不变，可以预测再过 5 天，到 7 月 5 日线路 I 的前锋将达到 7 月 8 日的位置，比原计划超前 3 天。实际情况正如 7 月 5 日前锋线所示。又如，线路 III 在这段时间里 $B=4/5=0.8$，6 月 30 日时比原计划超前 1 天，而到 7 月 5 日时它将不再超前。

一般地说，如果 i、j 分别表示前后两条实际进度前锋线，它们的时间间隔 $\Delta T=T_j-T_i$，在某线路上截取的长度 $\Delta X=X_j-X_i$，那么，线路在这段时间里的进度比，即

$B=(X_j-X_i)/T_j-T_i$

第 n 天以后该线路的前锋线到达的位置为

$X_u=X_j+nB$

这时该线路与原计划相比的进度差（即超前或落后的天数），即

$C_n=C_j+n(B-1)$

式中 C_j 为现时刻该线路的进度差。

当然，一条线路上的不同工作之间进展速度可能很不相同，但对于同一道工作，尤其是持续时间较长的工作来说，上述预测方法对于指导施工、控制进度具有重要的意义。

（三）对网络计划跟踪调整

在控制进度时，一般应尽量使各条线路平衡发展。前锋线上的正波峰应予以放慢，负波谷必须加快，负波峰和正波谷则要视实际情况进行处理。有的线路，虽然在目前暂时落后，但是在其前方有时差可以利用，落后的天数未超过将可以利用的时差或者它的进展速度较快，可以预见在不久的将来会赶上来，不致影响其他线路的进展，对它可以不予处理。如果落后的是关键线路，或者虽然不是关键线路，但是已落后得太多，超过了前方可以利用的时差，或进展速度较慢，可以预见在未来将落后更多，将妨碍到关键线路的进展（那时它将成为新的关键线路）就必须采取措施使之加快。

有些领先的非关键线路，也可能受到其他线路的制约，在中途不得不临时停工。

这样，也会造成窝工浪费。通过进度预测，我们可以及时预见这种情况，采取预防措施，避免临时窝工。

上述情况可以从图 3-16 中看出，线路 V 一直落后，到 7 月 5 日已落后 3 天，又 B=0.8，若照此发展下去，可以预测在过 5 天，它将落后 4 天，可以利用的时差只有 3 天，到 7 月 10 日关键线路（线路Ⅳ）将受到它的限制而不能前进，便成了新的关键线路。这样，将会使总工期拖长 1 天。人们应该在 7 月 10 日以前就预见到这种情况，及早设法使线路 V 加快，防止工期拖延。线路Ⅰ一直超前，到 7 月 5 日超前 3 天，这时它受到线路Ⅱ的制约已不能前进，造成临时停工。这个情况在 6 月 30 日就可以预测出来，人们应该及早采取措施避免窝工。7 月 10 日的前锋线所示就是采取调整措施后出现的情况。

在采取反馈措施时，如果施工力量可以在不同工作之间互相支援，那么人们可以从进展速度快（B＞1，但不一定已比原计划超前）的工作上抽调力量支援进展速度慢（B＜1，但不一定已比原计划落后）的工作。B 的大小也反映了施工力量的配备情况：B=1，表明施工力量的配备与计划的要求相适应；B＜1，表明施工力量配备不足；B＞1，表明施工力量配备有余。例如，B=1.2，说明施工力量多 20%；B=0.8，说明施工力量欠缺 20%。依此类推，进行施工力量调配就有了数量上的依据。

工程管理人员根据时标网络计划进行生产、调度时，依靠图上的日期线，可以查出任何一天计划要求进行哪几项工作。在执行计划中，当情况发生变化引起组织逻辑改变，施工顺序有了变更，或者各条线路的实际进度同计划进度有出入时，原来的日期线就失去了上述作用，这时，实际进度前锋线将代替日期线发挥这种作用。前锋线可以看成是弯折了的日期线，这样有了前锋线，不管组织逻辑如何改变，实际进度与原计划有多少出入，时标网络图都不必重画，用它来进行生产的安排、调度仍很方便，这就解决了所谓"情况多变，网络易破"的问题。

实际上，每画一条前锋线，就是对网络计划的一次调整。如果设想把前锋线拉直成垂直线，那么，它的右边就会出现一个根据目前实际进度调整后的子网络。若把前锋线看成是一个被拉成一条线的节点，那么，它右边的子网络也完全符合时标网络图的规则。因此，用前锋线来进行网络计划管理的过程，也就是对计划跟踪检查、调整的过程。

由于前锋线对实际进度做了形象的记录，工程施工完毕，画有各个时刻的实际进度前锋线的网络计划，就是一份宝贵的原始资料，可以对整个工程的进度管理工作做出评价，又可以反过来检查原进度计划和使用定额的正确性，为以后的进度计划管理提供依据。

（四）无时标网络计划检查分析

对无时标网络计划进行检查分析，可用表格形式（表3-1）进行分析判断。

表3-1　无时标网络计划检查分析表

工作编号	工作名称	检查时尚需作业天数	按计划最迟完成前尚有天数	总时差/天		自由时差/天		情况分析
				原有	目前尚有	原有	目前尚有	

五、网络计划的调整

网络计划的调整是在其检查、分析发现矛盾之后进行的，通过调整解决矛盾。

（一）网络计划调整内容

网络计划的调整可包括以下内容：

1.关键线路长度的调整。

2.非关键工作时差的调整。

3.增、减工作项目。

4.调整网络计划逻辑关系。

5.重新估算某些工作的持续时间。

6.对资源的投入做相应调整。

（二）调整关键线路长度

关键线路上所有的工作都是关键工作，其机动时间最小（或没有机动时间）。其中，任何一项工作作业时间的缩短或延长，都会影响整个工程进度。当关键线路上某些工作的作业时间缩短了，则有可能出现关键线路转移；当关键线路上某些工作的作业时间延长了，势必影响整个工程进度。因此，必须集中精力抓关键线路和关键工作，经常分析和研究这些线路和工作是否有可能提前或拖期，并找出原因，采取对策。

针对不同情况可选用下列不同的方法来调整关键线路的长度。

1.关键线路提前。当关键线路的实际进度比计划进度提前时，首先要确定是否对原计划工期予以缩短，分两种情况进行处理。

（1）如果不想缩短原计划工期，则可利用这个机会降低资源强度和费用，方法是选择后续关键工作中资源占用量大的或直接费用高的关键工作予以适当延长，延长时间不应超过已完成的关键工作提前的时间量。

（2）如果要使提前完成的关键线路的效果变成整个计划工期的提前完成，则应将进度计划的未完成部分做一个新的进度计划，重新计算与调整。按新的进度计划执行，并保证新的关键工作按新计算的时间完成。

2.关键线路滞后。当关键线路的实际进度比计划进度落后时，进度计划调整的任务是采取措施把落后的时间抢回来。于是，应在未完成的关键线路中选择资源强度小的关键工作予以缩短，重新计算未完成部分的时间参数，按新参数执行，这样做有利于减少赶工费用。

（三）非关键工作的调整

当非关键线路上某些非关键工作的作业时间延长了，但不超过其总时差的范围，则不致影响整个工程进度。当非关键工作的作业时间延长值超过了其总时差的范围，则势必影响整个工程进度。

1.时差调整的目的是充分利用资源，降低成本，满足施工需要。

2.时差的调整不得超过总时差。

3.每次调整均需进行时间参数计算，从而观察每次调整对计划全局的影响。

4.调整的方法共三种：在总时差范围内移动工作；延长非关键工作的持续时间和缩短工作的持续时间。

（四）增、减工作项目

1.增、减工作项目均不应打乱原网络计划总的逻辑关系，以便使原进度计划得以实施。

2.增、减工作项目只能改变局部的逻辑关系，此局部改变不影响总的逻辑关系。

3.增加工作项目只是对原遗漏或不具体的逻辑关系进行补充。

4.减少工作项目只是对提前完成了的工作项目或原不应设置而设置了的工作项目予以删除。

5.增、减工作项目之后，应重新计算时间参数，以分析此调整是否对原网络计划工期有影响，如有影响，应采取措施使之保持不变。

（五）调整逻辑关系

逻辑关系改变的原因，必须是实际情况要求改变施工方法或组织方法。一般来说，只能调整组织关系，而工艺关系不宜进行调整，以免打乱原进度计划。调整逻辑关系是以不影响原定计划工期和其他工作的顺序为前提的，调整的结果绝对不应形成对原进度计划的否定。

（六）重新估计某些工作的持续时间

当发现某些工作的原持续时间有误或实现条件不充分时，应重新估算其持续时间，并重新计算时间参数，观察其对总工期的影响。

（七）对资源投入做相应调整

当资源供应发生异常（即因供应满足不了需要、中断或强度降低）影响到计划工期的实现时，应采用资源优化方法对进度计划进行调整或采取应急措施，使其对工期的影响最少。

第六节　工程项目物资供应的进度控制

工程建设物资供应是指工程项目建设中所需各种材料、构（配）件、制品、各类施工机具和生产使用的国内制造的大型设备、金属结构，以及国外引进的成套设备或单机设备等的供给。

一、物资供应进度控制的含义

物资供应进度控制是物资管理的主要内容之一。工程项目物资供应进度控制的含义是在一定的资源（人力、物力、财力）条件下，实现工程项目一次性特定目标的过程对物资的需求进行计划、组织、协调和控制。其中，计划是把工程建设所需的物资供给纳入计划轨道，进行预测、预控，使整个供给有序地进行；组织是划清供给过程诸方的责任、权力和利益，通过一定的形式和制度，建立高效率的组织保证体系，确保物资供应计划的顺利实施；协调主要是针对供应的不同阶段，所涉及的不同单位和部门，沟通和协调它们的情况和步调，使物资供应的整个过程均衡而有节奏地进行；控制是对物资供应过程的动态管理，使物资供应计划的实施始终处在动态的循环控制过程中，经常定期地将实际供应情况与计划进行对比，发现问题，及时进行调整，对确保工程项目所需物资按时供给，最终实现供应目标。

根据工程项目的特点，在物资供应进度控制中应注意以下几个问题。

1.由于工程项目的特殊性和复杂性，使物资的供应存在一定的风险。因此，要求编制周密的计划并采用科学的管理方法。

2.由于工程项目的局部的系统性和整体的局部性，要求对物资的供应建立保证体系，并处理好物资供应与投资、质量、进度之间的关系。

3. 材料的供应涉及众多不同的单位和部门，因而给材料管理工作带来一定的复杂性，这就要求与有关的供应部门认真签订合同，明确供求双方的权利与义务，并加强各单位各部门之间的协调。

二、物资供应的特点

工程项目在施工期间必须按计划逐步供应所需物资。工程建设的特点，使工程项目物资供应具有如下特点。

1. 物资供应的数量大，品种多。

2. 材料和设备费用占整个工程造价的比例大。一般建筑产品的材料费占工程造价的 60%～70%，工业项目的材料和设备费占工程造价的比例更大。

3. 物资消耗不均匀。由于建筑施工任务的不均衡性和单件性，以及工程项目不同，施工阶段消耗的物资不同，使得物资的供应在整个建设过程中呈现不均衡性，有时材料的供应甚至会出现较大的高峰和低谷现象。

4. 受内部条件影响大。物资供应计划往往受到工程本身内部条件变化的影响。例如，设计的变更、工程施工进度的变化等，都可能引起物资供应计划的重新安排。

5. 受外部条件影响大。由于物资供应本身就是一个复杂的系统过程，涉及一系列的活动，如订货、购货、运输、检查、贮存、发放等。其中，任何一个环节发生变化，都会影响物资供应计划的顺利实施。多变的外部环境条件，更增加了物资供应工作的复杂性。

6. 物资市场情况复杂多变。由于材料和设备的品种、质量差异较大，规格时常变化，供货条件复杂，供货单位多，而且各单位服务质量、信誉各不相同，这就要求物资供应的管理必须适应市场条件。

三、物资供应进度目标

工程项目物资供应是一个复杂的系统过程，为了确保这个系统过程的顺利实施，必须首先确定这个系统的目标（包括系统的分目标），并以此目标制订不同时期和不同阶段的物资供应计划，用以指导实施。由此可见，物资供应目标的确定，是一项非常重要的工作，没有明确的目标，计划难以制订，控制工作便失去了意义。

物资供应的总目标就是按照物资需求适时、适地、按质、按量以及成套齐备地提供给使用部门，以保证项目投资目标、进度目标和质量目标的实现。为了总目标的实现，还应确定相应的分目标。目标一经确定，应通过一定的形式落实到各有关的物资供应部门，并以此作为对他们的工作进行考核和评价的依据。

（一）物资供应与施工进度的关系

事实上，物资供应与施工进度是相互衔接的。

1. 物资供应滞后施工进度。在工程实施过程中，常遇到的问题就是由于物资的到货日期推迟而影响工程进度。而且，在大多数情况下，引起到货日期推迟的因素是不可避免的，也是难以控制的。但是，如果控制人员随时掌握物资供应的动态信息，并且及时地采取相应的补救措施，就可以避免因到货日期推迟所造成的损失或者把损失减少到最低程度。

2. 物资供应超前施工进度。确定物资供应进度目标时，应合理安排供应进度及到货日期。物资过早进场，将会给现场的物资管理带来不利影响，增加投资，其主要原因有：

（1）需要增大仓库、堆场的面积，增加临时设施费用。

（2）当所供应的材料为易腐品时，需增加仓库的防腐设施费用。

（3）如果材料设备在现场存放太久，由于偷盗、损耗以及二次搬运所造成的损失也将是很大的。

（4）由于资金的过早占用而失掉资金利息，使实际投资增加。

为了有效地解决以上的问题，必须认真确定物资供应目标（总目标和分目标），并合理制订物资供应计划。

（二）物资供应目标和计划的影响因素

在确定目标和编制供应计划时，应着重考虑以下几个问题：

1. 确定能否按工程项目进度计划的需要及时供应材料，这是保证工程进度顺利实施的物质基础。

2. 资金是否能够得到保证。

3. 物资的供应是否超出了市场供应能力。

4. 物资可能的供应渠道和供应方式。

5. 物资的供应有无特殊性要求。

6. 已建成的同类或相似项目的物资供应目标和实际计划。

7. 其他（如市场、气候、运输等）。

四、物资供应计划的编制

工程建设物资供应计划是对工程项目施工及安装所需物资的预测和安排，是指导和组织工程项目的物资采购、加工、储备、供货和使用的依据。它的最根本作用是保障工程建设的物资需要，保证按施工进度计划组织施工。

物资供应计划的一般编制程序分为准备阶段和编制阶段。准备阶段主要是调查研究，收集有关资料，进行需求预测和购买决策。编制阶段主要是核算需要、确定储备、优化平衡、审查评价和上报或交付执行。

在编制的准备阶段必须明确物资的供应方式。一般情况，按供货渠道可分为国家计划供应和市场自行采购供应；按供应单位可分建设单位采购供应，专门物资采购部门供应，施工单位自行采购或共同协作分头采购供应。

（一）物资供应计划的分类

物资供应计划从不同的角度可以分为不同的类别，如按计划期限可分为中长期计划、年度计划、半年计划、季（或月、旬）计划和临时计划等。还可以按材料自然属性和作用分类等。这里重点讲述按物资供应计划的内容和用途分类，主要有物资需求计划、物资供应计划、物资储备计划、申请与订货计划、采购与加工计划以及国外进口物资计划。

（二）物资供应计划的编制

1. 物资需求计划的编制

物资需求计划是指反映完成项目物资需用情况的计划。它的编制依据主要有图样、预算、工程合同、项目总进度计划和各分包工程提交的材料需求计划等。物资需求计划的主要作用是确认需求，涉及施工中大量的建筑材料、制品、机具和设备，确定其需求的品种、型号、规格、数量和时间。它为组织备料、确定仓库与堆场面积和组织运输等提供了依据。

一般情况，物资需求计划包括一次性需求计划和各计划期需求计划。编制需求计划的关键是确定需求量。

（1）工程项目一次性需求计划用量的确定。一次性需求计划反映整个工程项目及各分部、分项工程材料的需用量，亦称工程项目材料分析。主要用于组织货源和专用特殊材料、制品的落实，其计算程序大体分三个步骤。

①根据设计文件、施工方案和技术措施，计算或直接套用施工预算中工程项目各分部、分项的工程量。

②根据各分部、分项的施工方法，套取相应的材料消耗定额，求得各分部、分项工程各种材料的需求量。

计算各分部、分项工程材料需求量的基本计算公式为

$R_{ij} = Q_i S_j$

式中 R_{ij}——第 i 分部分项工程第 j 种材料的需求量；

Qi——第 i 分部分项工程工程量；

Sj——第 j 种材料消耗定额。

③汇总各分部、分项工程的材料需求量，求得整个工程项目各种材料的总需求量，计算公式为

$$R_j = \sum_{i-1}^{m} ij$$

式中 Rj——工程项目第 j 种材料的总需求量；

m——分部分项工程数量。

（2）计划期需求量的确定。计划期材料需求量一般是指年、季、月度用料计划，主要用于组织材料采购、订货和供应。主要依据已分解的各年度施工进度计划，按季、月作业计划确定相应时段的需求量。其编制方式有计算法和卡断法两种。计算法是将计划期施工进度计划中的各分部、分项工程量，套取相应的物资消耗定额，求得各分部、分项需求量，然后再汇总求得计划期各种物资的总需求量。卡断法是根据计划期施工进度的形象部位，从工程项目一次性计划中摘出与施工计划相应部位的需求量，然后求得计划期各种物资的总需求量。

2. 物资储备计划的编制

物资储备计划是根据物资需求计划和物资储备定额编制的，储备施工中所需各类材料的计划。物资供应计划的编制依据是物资需求计划、储备定额、储备方式、供应方式和场地条件等。

3. 物资供应计划的编制

物资供应计划是反映物资的需要与供应的平衡，安排供应的计划。它的编制依据是需求计划、储备计划和货源资料等。它的作用是组织指导物资供应工作。

物资供应计划的编制，是在确定计划需求量的基础上，经过综合平衡后，提出申请和采购量。因此，供应计划的编制过程也是平衡过程，包括数量、时间的平衡。在实际中，首先考虑的是数量的平衡。计划期的需用量还不是申请量或采购量，即还不是实际的需用量，必须扣除库存量，考虑为保证下一期施工必要的储备量。因此，供应计划的数量平衡关系：期内需用量减去期初库存量加上期末储备量。经过上述平衡出现正值时，是本期的不足，需要补充；出现负值时，是本期多余，可供外调。一般情况下，储备量可以采用下式计算：

qj=rj(t1j+t2j+t3j+t4j)

式中 qj——第 j 种材料的储备量；

rj——第 j 种材料的日需求量；

t1j——第 j 种材料的供应间隔天数；

t_{2j}——第 j 种材料的运输天数；

t_{3j}——第 j 种材料的入库检验天数；

t_{4j}——第 j 种材料的使用前准备天数。

也可按下式计算：

$q_j = \lambda_j r_j$

式中　λ_j——第 j 种材料的储备定额。

工程项目材料的储备量，主要由材料的供应方式和现场条件决定，一般应保持 3 ~ 5d 的用量，在一定条件下，可以多一些，也可以少一些，甚至可以是无储备现场（如在单层厂房施工中，预制构件采用随运随吊的吊装施工方案时），即用多少供多少。

4. 申请、订货计划的编制

申请、订货计划是指向上级要求分配材料的计划和分解配置下达后组织订货的计划。它的编制依据是有关材料供应政策法令、预测任务、概算定额、分配指标、材料规格比例和供应计划。它的主要作用是根据需求组织订货。

5. 采购、加工计划的编制

采购、加工计划是指向市场采购或专门加工订货的计划。它的编制依据是需求计划、市场供应信息、加工能力及分布。它的主要作用是组织和指导采购与加工工作。加工、订货计划要附加工详图。

6. 国外进口物资计划的编制

国外进口物资计划是指需要从国外进口物资又得到动用外汇的批准后，填报进口订货卡，通过外贸谈判、签约。它的编制依据是设计选用进口材料所依据的产品目录、详本。它的主要作用是组织进口材料和设备的供应工作。

五、物资供应进度控制

（一）物资供应进度控制程序

简单地说，所谓物资供应的控制是指在项目实施过程中，定期地对供应计划的目标值与实际值进行比较。发现偏离，纠偏，再偏离，再纠偏，直到物资供应目标最终实现。与三大目标控制相类似，物资供应的控制也是一个动态循环渐进的过程，其控制的管理程序，如图 3-17 所示。

（二）物资供应计划的检查与调整

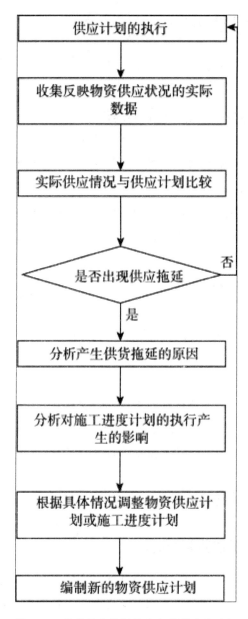

图3-17 物资供应计划检查与调整系统过程

1.物资供应计划检查与调整的系统过程

物资供应计划在执行过程中，必须监督供应单位按计划适时、按质、按量供应。并在执行中不断将实际供应情况与供应计划比较，找出差异、及时调整与控制计划的执行。在物资供应计划执行中，内外部条件的变化对供应计划执行可能产生影响。例如，施工进度的变化（提前或拖延）、设计的变更、价格变化、市场供应部门突然出现的供货中断以及一些意外情况的发生，会使物资供应的实际情况与计划不符。因此，在供应计划的执行过程中，控制人员必须经常定期地检查，认真收集反映物资供应的实际状况的数据资料，并将其与计划进行比较，一旦发现实际与计划不符，要及时分析产生原因，并提出调整措施。

2. 物资供应计划的检查与调整

（1）物资供应计划的检查。物资供应计划的检查通常有定期检查（一般在计划期中、期末）和临时检查。通过收集实际数据，在统计分析和比较基础上提出物资供应报告，从中发现问题。控制人员在检查过程中的一个重要工作是获得真实的供应报告。检查物资供应执行情况的重要作用有：

①发现实际供应偏离计划的情况，以利于进行有效的调整和控制。

②发现计划脱离实际的情况，根据修订计划的有关部分，使之切合实际情况。

③反馈计划执行的结果，作为下期决策和调整供应计划的依据。

由于物资供应计划在执行过程中发生变化的可能性始终存在且难以预估，因此，必须加强计划执行过程中的跟踪检查，以保证物资可靠、经济、及时地供应到现场。一般情况下，对重要的设备要经常定期地进行检查，如亲临设备生产厂，亲自了解生产加工情况，检查核对工作负荷、已供应的原材料，已完成的供货单、加工图样、制作过程以及实际供货状况。

（2）物资供应计划的调整。在物资供应计划的执行过程中，当发现物资供应过程的某一环节出现拖延现象时，应进行调整，其调整方法与进度计划的调整方法类似，一般有如下几种处理措施。

①若这种拖延不致影响施工进度计划的执行，则可采取加快供货过程的有关环节，以减少此拖延对供应过程本身的影响；或这种拖延对供应过程本身产生的影响不大，则可直接将实际数据代入，并对供应计划做相应的调整，不必采取加快措施。

②若这种拖延将影响施工进度计划的执行，则首先分析这种拖延是否允许（拖延是否允许的判别通常根据受到影响的施工活动是否处在关键线路上或是否影响到分包合同的执行）。若允许，则可采用上面第一种情况的调整方式；若不允许，则必须采取加快供应速度，尽可能避免此拖延对进度计划的执行产生的影响，若采取加快供应速度措施后，仍不能避免对施工进度的影响，则可考虑同时加快其他工作施工进度的措施，并尽可能将此拖延对整个施工进度的影响降到最低程度。

第四章 路基施工技术

路基是按照路线位置和一定技术要求修筑的带状构造物，是路面的基础，承受由路面传来的行车荷载。路基施工是以设计文件和施工规范为依据，以工程质量为中心，有组织有计划地将设计图纸转化为工程实体的建筑活动。路基施工的基本方法按技术特点大致分为人工及简单机械化施工、综合机械化施工、爆破施工等。

第一节 路基施工前的准备工作

路基施工的准备工作是工程顺利实施的基础和保证，直接影响工程进度、质量和承包人的经济效益，必须认真对待。路基施工准备工作的主要内容有熟悉设计文件、现场踏勘、编制施工大纲与施工组织、物资准备、测量控制、试验、施工场地的准备及试验路段施工等。

一、熟悉设计文件

设计文件是组织工程施工的主要依据。熟悉、审核施工图纸是领会设计意图、明确工程内容、分析工程特点的重要环节。在有关施工人员熟悉图纸、充分准备的基础上，由建设单位负责人召集设计、施工、监理科研人员参加图纸会审会议。设计人员向承包人作图纸交底，讲清设计意图和对施工的主要要求。施工人员应对图纸和有关问题提出质询，最终由设计单位吸取图纸会审中提出的合理化建议，按程序进行变更设计或作补充设计。

二、现场踏勘

路基工程施工前，需要对现场进行勘察，确保实际情况与设计图纸保持一致，一旦发现问题，要及时调整。现场踏勘的内容主要包含以下几点。

第一，对施工有影响需要拆迁的各种建筑物、构筑物、公用事业杆线、管道和附属设施以及树木、农作物、坟墓等。

第二，因施工影响沿线建筑物、构筑物、公用事业杆线、管道安全，需加固保护的结构、数量和确切位置。

第三，沿线需重点保护的历史文物、古迹、测量标志及军事设施等。

第四，了解沿线填方、挖方的地段和数量以及可供借土或弃土的地点。

第五，摸清沿线可利用的排水沟渠和下水道，及以往暴雨后的积水情况，以便考虑施工期间的排水措施。

第六，了解现场附近供水、供电、通信设施、运输路线、场地及其他设施的情况。

第七，对外露的检查井、消防栓、人防通气孔等应在图上标明，以备核对，避免埋没或堵塞。

第八，了解沿线各单位因施工受到的影响情况及车辆交通影响，以便提出安排方案。

三、编制施工大纲与施工组织

编制施工大纲是指在道路工程施工之前，需要结合设计图纸与现场踏勘的实际情况，编制施工大纲，确定施工顺序、施工方法、施工进度以及工、料计划等。

设计施工组织设计是指导施工现场全过程、规划性、全局性的技术、经济和组织的综合性文件，是施工准备工作的重要组成部分。通过施工组织设计，能为施工企业编制施工计划，为实施施工准备工作计划提供依据，保证拟建工程施工的顺利进行。

四、编制施工图预算和施工预算

在设计交底和图纸会审的基础上，施工组织设计已被批准，预算部门即可着手编制单位工程施工图预算和施工预算，以确定人工、材料和机械费用支出；确定人工数量、材料消耗数量及机械台班使用量等。

施工图预算是由施工单位主持，在拟建工程开工前的施工准备工作期间所编制的确定建筑安装工程造价的经济文件，是施工企业签订工程承包合同，工程结算，银行拨、贷款，进行企业经济核算的依据。

施工预算是根据施工图预算、施工图样、施工组织设计和施工定额等文件，综合企业和工程实际情况所编制的。在工程确定承包关系以后进行，是施工单位内部经济核算和班组承包的依据。

五、物资准备工作

物资准备工作是指施工中必需的劳动手段和施工对象的准备。它是根据各种物资需要量计划，分别落实货源、组织运输和安排储备，以保证连续施工的需要。物资准备是各种材料与机具设备购置、采集、调配、运输和储存，临时便道及工程房屋的修建，供水、供电、必需生活设施等的安装及建设等工作。

在道路施工前，各种生产、生活必需的临时设施，如各种仓库、搅拌站、预制构件厂（站、场）、各种生产作业棚、办公用房、宿舍、食堂、文化设施等均应按施工组织需要的数量、标准、面积、位置等在施工前修建完毕。

修建完成各种生产、生活必需的临时设施后，应及时根据施工组织设计确定的材料、半成品、预制构件的数量、品种、规格以及施工机具设备，编制好物质供应计划，按计划订货和组织进货，按照施工平面图要求在指定地点堆存或入库；对沙子、碎石、钢材等材料应提前做各种试验，确定其是否满足设计要求；对各种标号混凝土提前做好配比；对施工将用的施工机械和机具需用量进行计划，按计划进场安装、检修和试运转。

施工队应提早调整，健全和充实施工组织机构，进行特殊工种、稀缺工种的技术培训，提前预招临时工和合同工，落实专业施工队伍和外包施工队伍。同时，根据地理位置、气候条件，冬、雨期施工也应做些适当准备。

六、测量控制

路基施工前要先做好施工测量工作，包括导线复测、水准点复测与加密、中线放样、横断面检查与补测、增设水准点等。施工测量是整个公路工程施工的基础，是确保线路、高程、尺寸、形状正确的手段，必须认真做好这项工作。施工测量的精度应符合中华人民共和国交通运输部颁布实施的《公路勘测规范》（JTG C10—2007）中的要求。

（一）导线复测

当原测中线的主要控制桩由导线来控制时，施工单位必须根据设计资料认真做好导线复测工作，根据地面上的控制桩做好检查复测工作。

导线复测要求精度较高，应采用现代先进的测量仪器（如红外线测距仪等）进行测量，测量精度应符合有关规程的规定。在进行正式测量前，应对使用的仪器进行认真检验、校正，以确保其测量精度。

当原有导线点不能满足施工要求时，应适当加密，保证在公路施工全过程中相邻导线点间能互相通视。

导线起、讫点应与设计单位的测定结果进行比较，测量精度应满足设计要求。当设计未具体规定时，应满足《公路路基施工技术规范》（JTG F10—2006）中导线测量技术要求的内容。

复测导线时，必须确保其和相邻施工段的导线闭合。

对妨碍施工的导线点，在施工前应当加以固定，固定方法可采用交点法或其他固定方法。设置的护桩应牢固可靠，桩位应便于架设测量仪器，并设在施工范围以外。其他控制点也可以参照此法进行固定。

（二）水准点复测与加密

水准点精度应符合技术标准的规定；沿路线每 500m 应设一个水准点。在结构物附近、高填深挖路段、工程量集中及地形复杂路段，要增设水准点。临时水准点必须符合相应等级的精度要求，并与相邻水准点闭合；当水准点有可能受到施工影响时，应进行处理。

（三）中线放样

路基开工前，要进行全段中线放样并固定路线主要控制桩，高速公路、一级公路宜采用坐标法进行测量放样；中线放样时，要注意路线中线与结构物中心、相邻施工段的中线闭合，发现问题要及时查明原因，并进行处理；设计图纸和实际放样不符时，必须查明原因后进行处理。

（四）横断面图核对

横断面图是否准确，关系到施工放样、工程量计算、施工标准、场地布置和工程结算等。在路基正式施工前，应详细检查、核对设计单位提供的横断面图，如果发现问题，应进行复测，并及时报告监理工程师和业主。如果设计单位未提供横断面图，应按照有关规定全部进行补测。

（五）路基工程放样

在路基工程正式施工前，应根据恢复的路线中桩、设计图表、施工机械、施工工艺和有关规定，确定路基用地界桩、路堤坡脚桩、路堑堑顶桩、边沟、取土坑、护坡道、弃土堆等的具体位置。在距路中心一定安全距离处，还要设立控制桩，其间距一般不宜大于 50m。在桩上应注明桩号、相对路中心的填挖高，通常用"+"表示填方，用"-"表示挖方。

在放完边桩后，应进行边坡的放样。对于深挖高填地段，每挖、填 5m 应复测一次中线桩，测定其标高及宽度，以控制边坡角的大小。

对于施工工期较长的公路工程，在路基工程施工期间，应至少每半年复测一次水准点。在季节冻融地区施工的路基，在冻融后也应对水准点进行复测。

采用机械施工时，应在边桩处设立明显的填挖标志。高速公路和一级公路在施工过程中，宜在不大于200m的路段内，距中心桩一定距离处埋设能够控制标高的控制桩，从而进行准确的施工控制。如果在施工中桩被碰倒或丢失，应当及时按规定将其补上，以免影响工程的正常施工。

取土坑放样时，应在坑的边缘设立明显标志，注明土场供应里程桩号及挖掘深度；对于排水用的取土坑，当挖至距设计坑底 0.2 ~ 0.3m 时，应按照设计修整坑底纵坡。

边沟、截水沟和排水沟放样时，宜先做成样板架检查，也可每隔 10 ~ 20m 在沟内外边缘钉上木桩并注明里程及挖深。

在整个路基工程施工中，应注意保护设置的所有标志，特别注意保护一些原始控制点。

七、试验

路基施工前，按照有关规定和要求，建立工地实验室；要对路基基底土进行相关试验，每千米至少取 2 个点。土质改变时，视具体情况增加取样点数；要及时对来源不同、性质不同的拟作为路基填料的材料进行复查和取样试验，试验项目包括天然含水量、液限、塑限、标准击实试验、CBR 试验等，必要时应进行颗粒分析、比重、有机质含量、易溶盐含量、冻胀和膨胀量等试验；如使用特殊材料作为填料，应按相关标准做相应试验，必要时还应进行环境影响评估，经批准后方可使用。

八、施工场地的准备

（一）搭建临时设施

现场生活和生产用地临时设施，在布置安装时，要遵照当地有关规定进行规划布置，如房屋的间距、标准是否符合卫生和防火要求，污水和垃圾的排放是否符合环境的要求等。因此，临时建筑平面图及主要房屋结构图都应报请城市规划、市政、消防、交通、环境保护等有关部门审查批准。

各种生产、生活用的临时设施，包括各种仓库、混凝土搅拌站、预制构件场、机修站、各种生产作业棚、办公用房、宿舍、食堂、文化生活设施等，均应按批准的施工组织设计规定的数量、标准、面积、位置等要求组织修建。大、中型公路工程可分批分期修建。

（二）临时交通便道

在工地布设临时交通便道时应遵循下列原则。

临时交通道路以最短距离通往主体工程施工场所，并连接主干道路，使内外交通便利；充分利用原有道路，对不满足使用要求的原有道路，应在充分利用的基础上对其进行改建，节约投资和施工准备时间；在本工程的施工与现有的道路、桥涵发生冲突和干扰之处，承包人都要在本工程施工之前完成改道施工或修建临时道路；利用现有的乡村道路作为临时道路，应将该乡村道路进行修整、加宽、加固及设置必要的交通标志，并经监理工程师验收合格后方可通行；工程施工期间，应配备人员对临时道路进行养护，以保证临时道路的正常通行；尽量避开洼地和河流，不建或少建临时桥梁。

（三）清理场地

清理场地也是路基工程施工前的一项重要准备工作。如场地清理不符合要求，不仅不能保证公路工程的质量，而且会严重影响整个工程的施工进度。清理场地主要包括以下工作。

在进行路基工程施工之前，需要根据设计说明书上的具体要求进行公路用地放样工作，由业主进行土地征用工作及手续的办理。作为施工单位，需要根据实际施工过程中的用地需要，向相关部门提出增加临时用地计划，并且对增加的部分进行测量，将测量的数据汇总，形成平面图，上交给相关部门，以便拆迁及临时用地手续等工作的进行。

在路基施工用地的范围内，如果有房屋、道路以及各种通信及电力设施等构筑物，施工之前需要向有关部门进行协商，以便拆迁或改造。如果在施工地点附近存在较为危险的建筑物，那么为了保障施工安全和施工质量，需要将存在危险的建筑物加固。若在施工范围内存在文物古迹，应与相关部门进行协商，尽可能保护文物古迹。

在路基工程施工之前，需要将施工范围内的树木进行清理。可以将树木移植到路基工程的施工范围之外，如果需要砍伐树木，那么被砍伐的树木也要转移到路基用地的范围外，并进行妥善处理，避免火灾等安全事故的发生。

对于二级或者二级以上的公路和填方高度在 1m 以内的公路路堤，需要把路基基地范围内的所有树根挖除，把坑穴填平，并使用专用机械将其夯实；对于二级以下或者填方高度大于 1m 的公路路堤，可以不必将树根全部挖除，但需要注意的是，树根绝对不能露出地面。此外，取土坑范围内的树根也需要全部清除。

路幅范围内以及取土坑表面的植被、草皮以及腐殖土全部清理干净，同时，清理填方和借方地段的地面。具体清理的深度需要以实际种植土的厚度来确定，清理出的种植土要集中处理，避免影响施工或者出现安全隐患。填方路段在将表面清理干净后，需要进行整平、压实等工序，待其符合标准时才能够进行填方工作。

九、试验路段施工

一般情况下，路基开工前要进行试验路段施工；路段长度不宜少于 100m（在试验段起终点增加 10 ~ 20m 的富余工作面）；试验路段应选择在地质条件、断面形式等工程特点具有代表性的地段；调查后，编写试验路段的开工报告并报批（附拟定的施工组织设计方案、施工工艺等）。

路堤试验路段施工。

路堤试验路段施工包括以下内容：第一，填料试验、检测报告等。第二，压实工艺主要参数：机械组合；压实机械规格、松铺厚度、碾压遍数、碾压速度；最佳含水量及碾压时含水量允许偏差等。第三，过程质量控制方法、指标。第四，质量评价指标、标准。第五，优化后的施工组织方案及工艺。第六，原始记录、过程记录。第七，对施工设计图的修改建议等。

根据试验路段施工所得到的成果，进行具体的编制试验路段的总结报告报批（附路基施工组织设计方案、施工工艺等）。

试验路段总报告审批后再进行全线路基单位工程的开工报告报批，接着编制路基分部工程、分项工程的开工报告报批。路基施工前先做好必要的临时施工便道和社会交通便道工作，保证社会交通车辆及施工车辆顺畅通行。

第二节　填筑路基土石方工程施工技术

路基的几何尺寸由宽度、高度和边坡坡度组成。根据路基设计标高和原地面的关系，路基可分为路堤、路堑和填挖结合路基。

填方路基称为路堤；低于原地面的挖方路基称为路堑。位于山坡上的路基，设计上常采用道路中心线标高作为原地面标高，这样，可以减少土（石）方工程量，避免高填深挖和保持横向填挖平衡，形成填挖结合（或半填半挖）路基。

一、填方路基施工

（一）路基填料的选择

1.路基填料的一般要求

含草皮、生活垃圾、树根、腐殖质的土严禁作为填料。

泥炭、淤泥、冻土、强膨胀土、有机质土及易溶盐超过允许含量的土，不得直接用于填筑路基。确需使用时，必须采取技术措施进行处理，经检验满足设计要求后方可使用。

液限大于 50%、塑性指数大于 26、含水率不适宜直接压实的细粒土，不得直接作为路堤填料。需要使用时，必须采取技术措施进行处理，经检验满足设计要求后方可使用。

粉质土不宜直接填筑于路床，不得直接填筑于冰冻地区的路床及浸水部分的路堤。

填料强度和粒径，应符合表4-1的规定。

表4-1　路基填方材料最小强度和最大粒径表

填料应用部位（路床顶面以下深度）（m） 高速公路、一级公路		填料最小强度（CBR）（%）			填料最大直径（mm）
		二级公路	三、四级公路		
路堤	上路床（0~0.30）	8	6	5	100
	下路床（0.30~0.80）	5	4	3	100
	上路堤（0.80~1.50）	4	3	3	150
	下路堤（>1.50）	3	2	2	150
零填及挖方路基	0~0.30	8	6	5	100
	0.30~0.80	5	4	3	100

注：列表强度按《公路土工试验规程》（JTGE 40—2007）规定的浸水96h的CBR试验方法测定。

三、四级公路铺筑青混凝土和水泥混凝土路面时，应采用三级公路的规定。

表中上下路堤填料最大粒径150mm的规定不适用于填石路堤和土石路堤。

2.路基填料的工程性质

路基填料的性质如表4-2所示。

表4-2　路基填料的工程性质

项目	内容
石质土	石质土由粒径大于2mm的碎（砾）石，其含量由25%~50%及大于50%两部分组成。如碎（砾）石土，孔隙度大，透水性强、压缩性低，内摩擦角大，强度高，属于较好的路基填料
沙土	沙土没有塑性，但透水性好，毛细水上升高度很小，具有较大的摩擦系数。沙土路基强度高，水稳定性好。但沙土黏性小、易于松散，受水流冲刷和风蚀易损坏，在使用时可掺入黏性大的土改善质量
沙性土	沙性土是良好的路基填料，既有足够的摩擦力，又有一定的黏聚力。一般遇水干得快、不膨胀、易被压实，易构成平整坚实的表面
粉质土	粉质土不宜直接填筑于路床，必须掺入较好的土体后才能用作路基填料，但在高等级公路中，只能用于路堤下层（距路槽底0.8m以下）
轻、重黏土	轻、重黏土不是理想的路基填料，规范规定，液限大于50%，苏醒指数大于26、含水量不适宜直接压实的细粒土，不得直接作为路基填料，需要使用时，必须采取技术措施进行处理，经检查满足设计要求后方可使用
黄土、盐渍土、膨胀土	黄土、盐渍土、膨胀土等特殊土体不得已必须用作路基填料时，应严格按其特殊的施工要求进行施工。泥炭、淤泥、冻土、有机质土、强膨胀土、含草皮土、生活垃圾、树根和含有腐殖物质的土不得用作路基填料
煤渣、高炉矿渣、钢渣、电石渣	满足要求（最小强度CBR、最大粒径、有害物质含量等）或经过处理之后满足要求的煤渣、高炉矿渣、钢渣、电石渣等工业废渣可以用作路基填料，但在使用过程中应注意避免造成环境污染

（二）路堤填筑

1. 土方路堤填筑

（1）填筑要求

性质不同的填料不能混合在一起，而是根据填料的性质水平分层、分段填筑，最后分层压实。需要注意的是，每种填料的填筑层在完全压实之后的厚度最低为500mm，最后一层的厚度最低为100mm。

路基的最上层应该填筑对潮湿或者冻害敏感度低的材料。越是强度小的材料，越应该填筑在底层。如果路基施工的地带存在地下水或者临水，那么应该选择透水性好的填料。

在透水性不好的压实层上填筑透水性较好的填料前，应在其表面设2%～4%的双向横坡，并采取相应的防水措施。不得在由透水性较好的填料所填筑的路堤边坡上覆盖透水性不好的填料。每种填料的松铺厚度应通过试验确定，每一填筑层压实后的宽度不得小于设计宽度。

路堤填筑时，应从最低处起分层填筑，逐层压实；当原地面纵坡大于12%或横坡陡于1：5时，应按设计要求挖台阶，或设置坡度向内并大于4%、宽度大于2m的台阶。

填方分几个作业段施工时，接头部位如不能交替填筑，则先填路段，应按1：1

坡度分层留台阶；如能交替填筑，则应分层相互交替搭接，搭接长度不小于2m。

（2）一般填筑方法

①水平分层填筑

填筑时按照横断面全宽分成水平层次，逐层向上填筑。如原地面不平，应由最低处分层填起。每填一层，经压实合格后再填上一层。此法施工操作方便、安全，压实质量易保证。

②纵坡分层填筑

适用于推土机或铲运机从路堑取土填筑运距较短的路堤。依纵坡方向分层、逐层推土填筑。原地面纵坡小于20°的地段可用此法施工。

③横向填筑

从路基一端按各横断面的全部高度，逐步推进填筑，适用于无法自下而上分层填土的陡坡、断岩或泥沼地区。此法不易压实，且还有沉陷不均匀的缺点。为此，应采用必要的技术措施，如选用高效能的压实机械（振动压路机）碾压，采用沉陷量较小的沙性土或废石方作填料等。

④混合填筑

当高等级公路路线穿过深谷陡坡，尤其是要求上部的压实度标准较高时，下层施工应采用横向填筑，上层施工应采用水平分层填筑，此种方法称为混合填筑法。

（3）机械填筑路堤作业方式

①推土机填筑路堤作业方式

推土机作业包含四个环节：切土、推土、堆斜和空反。对推土机的工作效率影响最大的环节为切土与推土。切土环节的速度以及推土过程中对能量的利用程度是决定推土机推土效率的主要因素。推土机的作业方式很多，常见的有坑槽推土、波浪式推土、并列推土、下坡推土和接力推土。

②挖掘机填筑路堤作业方式

填筑路堤这项工作也可以由挖掘机来完成。

挖掘机有两种工作方式：第一，挖掘机直接从路基的一层挖土，然后将这些土卸向另一侧，用来进行路堤填筑。一般情况下，采用这种方式施工时，人们会使用反铲挖掘机。第二，使用运土车辆配合挖掘机进行工作。挖掘机将挖出的土壤装至运土车内，由运土车将土壤运送到需填筑路堤的路段。这是目前使用较为广泛的作业方式，尤其是取土场地比较集中、运送距离相对较长的工作环境，且正铲挖掘机与反铲挖掘机都能够适应这种工作方式。

2. 填石路堤的填筑

（1）基底处理

填方地段的基地需要进行严格处理。如果地面的坡度大于 1∶2.5，那么应挖台阶，如果基底下有淤泥、地下水等，这样的基底需要进行特殊处理，在施工之前需要报请监理工程师，得到批准签字之后才能进行施工。

填石路堤的填料相对来说较为坚硬，进行压实工作比较困难，填石材料又具有较高的透水性，水非常容易通过路面、边坡等位置进入基底，导致路基潮湿，严重时可能会使路面产生不均匀沉降等问题。

为了防止这一问题，在施工过程中，除了满足土质路堤表面处理的规定，还应该满足不同路堤填高对地基承载力的要求。

如果路堤高度在 10m 以内，那么地基的承载力必须大于 150kPa；如果路堤高度为 10～20m，那么地基的承载力必须大于 200kPa；如果路堤高度大于 20m，此时路基需要在岩石地基面上进行填筑。

（2）填筑要求

填石路堤填筑应根据试验路段得出的施工技术参数，按照运输车辆运量测算的尺寸，用白灰画柜卸填料（方格不小于 4m×4m），严格进行拉线施工，控制每层的松铺厚度。

在进行填石路堤施工时，每填筑一层，都需要对其宽度进行放样处理，将设计边线清晰地标记出来，以便后期能随时检查，避免填筑的宽度不符合要求。需要注意的是，在用白灰绘制设计边线时，路基碾压应从超填宽度的边缘起，由外向内推进。

用大型推土机按其松铺厚度摊平，个别不平处人工找平。在整修过程中，发现有超粒径的石块应予以剔除，做到粗颗粒分布均匀，避免出现粗颗粒集中现象。

填石路堤应进行边坡码砌，边坡码砌石料强度要求不低于 30MPa，码砌石块最小尺寸不小于 30cm，石块须规则。

填高小于 5m 的填石路堤，边坡码砌厚度不小于 1m；填高 5～12m 的填石路堤，边坡码砌厚度不小于 1.5m；填高大于 12m 的填石路堤，边坡码砌厚度不小于 2m。

应分层填筑、分层压实。最后一层碎石粒径应小于 15cm，其中小于 0.05mm 的细粒含量不应小于 30%，当上层为细粒土时，应设置土工布作为隔离层。

填石路堤的填料如其岩性相差较大，特别是岩石强度相差较大时，应将不同岩性的填料分层或分段填筑。

（3）填筑方法

①竖向填筑法

主要用于铺设二级及二级以下的低级路面公路，在陡峻山坡施工特别困难或大量爆破以挖作填路段，以及无法自下而上分层填筑的陡坡、断岩、泥沼地区和水中作业的填石路堤。该方法施工路基压实、稳定问题较多。

②分层压实法

分层压实法是目前采用最为普遍且作业质量较高的方法之一。分层压实法从下到上分为若干个层次，依次填筑、依次压实。一级公路、高速公路以及某些高级路面的填石路施工都采用分层压实法施工。

填石路堤将填方路段分为四级施工台阶、四个作业区段、八道工艺流程进行分层施工。

四级施工台阶是：在路基面以下 0.5m 为第 1 级台阶，0.5 ~ 1.5m 为第 2 级台阶，1.5 ~ 3.0m 为第 3 级台阶，3.0m 以下为第 4 级台阶。

四个作业区段是：填石区段、平整区段、碾压区段、检验区段。施工中填方和挖方作业面形成台阶状，台阶间距视具体情况和适应机械化作业而定，一般长为 100m 左右。填石作业自最低处开始，逐层水平填筑，每一分层先是机械摊铺主集料，平整作业铺撒嵌缝料，将填石空隙以小石或石屑填满铺平，采用重型振动压路机碾压，压至填筑层顶面石块稳定。

③冲击压实法

冲击压实机的冲击碾周期性大，振幅低频率地对路基填料进行冲击，压密填方；强力夯实法用起重机吊起夯锤从高处自由落下，利用强大的动力冲击，迫使岩土颗粒位移，提高填筑层的密实度和地基强度。

3. 土石路堤施工

（1）填筑要求

利用卵石土、块石土、红砂岩等天然土石混合材料填筑的路堤称为土石混填路堤。在土石混合填料中不得采用倾填法施工，应进行分层填筑，分层压实，分层松铺厚度宜为 0.3m（应根据压实机械类型和规格经试验后确定），石料最大粒径不得超过压实厚度的 2/3。

当土石混合填料中石料含量小于 70% 时，应将土、石混合分层铺填、整平压实，避免尺寸较大的石块集中。当石料含量大于 70% 时，应执行填石路基技术规范和设计要求。

在路床顶面以下 0.8m 的范围内，应填已有适当级配的土石混合料，最大粒径不超过 100mm。

天然土石混合填料中，中硬、硬质石料的最大粒径不得大于压实层厚的 2/3；石料为强风化石料或软质石料时，其 CBR 值应符合相关技术规范，石料最大粒径不得大于压实层厚。

压实后透水性差异大的土石混合材料应分层或分段填筑，不宜纵向分幅填筑；如确需纵向分幅填筑，应将压实后渗水良好的土石混合材料填筑于路堤两侧。

填料由土石混合材料变为其他填料时，土石混合材料最后一层的压实厚度应小于300mm，该层填料最大粒径宜小于150mm，压实后，该层表面应无孔洞。

中硬、硬质石料的土石路堤，边坡的石料强度、尺寸及码砌厚度应符合实际要求。边坡码砌与路基填筑宜基本同步进行。软质石料土石路堤的边坡按土质路堤边坡处理。

土石混填压实必须使用18t以上的羊足碾和重型振动压路机、大功率推土机及平地机分层组合压实。

（2）施工方法

土石路堤不允许采用倾填方法，均应分层填筑、分层压实，每层铺填厚度应根据压实机械类型和规格确定，一般不宜超过40cm。施工方法主要包括以下几点。

按填料渗水性能来确定填筑方法。即压实后渗水性较大的土石混合填料应分层分段填筑，如需纵向分幅填筑，则应将压实后渗水性较好的土石混合填料填筑于路堤两侧。

按土石混合料不同来确定填筑方法。即当所有土石混合料岩性或土石混合比相差较大时，应分层分段填筑。如不能分层分段填筑时，应将硬质石块混合料铺筑于填筑层下面，且石块不得过分集中或重叠，上面再铺含软质石料混合料，然后整平碾压。

按填料中石料含量来确定填筑方法。即当石料含量超过70%时，应先铺填大块石料，且大面向下，放置平稳。再铺填小块石料、石渣或石屑嵌缝找平，然后碾压。当石料含量小于70%时，土石可以混合铺筑，且硬质石料（特别是尺寸大的硬质石料）不得集中。

（三）桥涵及其他构造物处的填筑

1. 填筑要求

台背及与路堤间的回填施工应符合以下规定。

二级及二级以上公路应按设计做好过渡段，过渡段路堤压实度应不小于96%，并应按设计做好纵向和横向防排水系统；二级以下公路的路堤与回填的连接部，应按设计要求预留台阶；台背回填部分的路床宜与路堤路床同步填筑；桥台背和锥坡的回填施工宜同步进行，一次填足并保证压实整修后能达到设计宽度要求。

涵洞回填施工应符合以下规定。

洞身两侧，应对称分层回填压实，填料粒径宜小于150mm；两侧及顶面填土时，应采取措施防止压实过程对涵洞产生不利后果。

2.施工方法

（1）填料

由于路基压缩沉陷和地基沉降，桥涵端头会产生跳车现象。为了保证台背处路基的稳定，填料除设计文件另行规定外，应尽可能采用沙类土或透水性材料。选用非透水性材料时，应在土中增加外加剂，如石灰、水泥等。应特别注意的是，不要将构造物基层挖出的土混入填料中。

（2）填土范围

台背后填筑不透水材料，应满足一定长度、宽度和高度的要求。

一般情况下，台背填土顺路线方向的长度，顶部距翼墙尾端不小于台高2m，底部距基础内缘不小于2m，拱桥台背填土长度不小于台高的3～4倍，涵洞每侧不小于孔径长度的2倍；填筑高度应从路堤顶面起向下计算，在冰冻地区一般不小于2.5m，无冰冻地区填至高水位处。

（3）填筑

桥台背后填土宜与锥形护坡同时进行；涵洞缺口填土应在两侧对称均匀分层回填压实；回填土时对桥涵圬工的强度等要求应按照《公路桥涵施工技术规范》有关规定进行处理；分层松铺厚度宜小于20cm；当采用小型夯实设备时，松铺厚度不宜大于15cm；涵洞顶部的填土厚度小于50～100cm时，不得允许重型机械设备通过。

挡墙背面填料宜选用砾石或沙类土；墙趾部分的基坑应及时回填压实，并做成向外倾斜的横坡；在填土过程中，应防止水的侵害；回填完成后，顶部应及时封闭。

二、挖方路基施工

（一）土质路堑施工

1.土质路堑施工注意事项

（1）路堑排水

路堑区域施工时，应保证在施工过程中和竣工后能顺利排水。因此，应先在适当的位置开挖截水沟、设置排水沟，以排除地面水和地下水。

路堑设有纵坡时，下坡的坡段可直接挖到底，上坡的坡段必须先挖成向外的斜坡，最后再挖去剩下的土方；路堑为平坡时，两端都要先挖成向外的斜坡，最后挖去余下的土方。

（2）废方处理

路堑挖出的土方，除利用外，多余的土方应按设计的弃土堆进行废弃，并不得妨碍路基的排水和路堑边坡的稳定。同时，弃土应尽可能用于改地造田，美化环境。

（3）设置支挡工程

为了保证土方路堑边坡的稳定，应及时设置必要的支挡工程。开挖时，应自上而下、逐层进行，以防边坡塌方，尤其在地质不良地段，应分段开挖，分段支护。

2.路堑开挖的方法

路堑开挖是将路基范围内设计标高之上的天然土体挖除并运到填方地段或其他指定地点的施工活动。深长路堑往往工程量巨大，开挖作业面狭窄，常常是路基施工的控制性工程。因此，应综合考虑工程量大小、路堑深度和长度、开挖作业面大小、地形与地质情况、土石方调配方案、机械设备等因素，确定切实可行的开挖方法。根据路堑深度和纵向长度，开挖时可按下列几种方法进行。

（1）横向挖掘法

①单层横挖法

单层横挖法是从路堑的一端或两端按路堑横断面全高和全宽，逐渐地向前开挖，挖出的土石，一般是向两头运送。这种开挖方法，因工作面小，仅适用于短而浅的路堑，可一次性挖到设计标高。

②多层横挖法

如果路堑较深，可以在不同高度上分成几个台阶同时开挖，每一开挖层都有单独的运土出路和临时排水措施，做到纵向拉开，多层、多线、多头出土，这种开挖方法称为多层横挖法。这样能够增加作业面，容纳更多的施工机械，形成多向出土以加快工程进度。

（2）纵向挖掘法

①分层纵挖法

沿路堑全宽，以深度不大的纵向分层挖掘前进的作业方式称为分层纵挖法。本法适用于较长的路堑开挖。

施工中，路堑长度较短（＜100m），开挖深度不大于3.0m，地面较陡时，宜采用日推土机作业，其适当运距为20～70m，最远不宜大于100m。当地面横坡较平缓时，表面宜横向铲土，下层宜纵向推运。当路堑横向宽度较大时，宜采用两台或多台推土机横向联合作业。当路堑前方为陡峻山坡时，宜采用斜铲推土。

②通道纵挖法

沿路堑纵向挖掘一通道，然后将通道向两侧拓宽，上层通道拓宽至路堑边坡后，再开挖下层通道，按此方向直至开挖到挖方路基顶面标高，称为通道纵挖法。这是一种快速施工的有效方法，通道可作为机械行驶和运输土方车辆的道路，便于挖掘和外运的流水作业。

③分段纵挖法

沿路堑纵向选择一个或几个适宜处，将较薄一侧路堑横向挖穿，将路堑在纵方向上，按桩号分成两段或数段，各段再纵向开挖，称为分段纵挖法。本法适用于路堑较长、弃土运距较远的傍山路堑或一侧的堑壁不厚的路堑开挖。

（3）混合式开挖法

混合式开挖法即将横挖法与通道纵挖法混合使用，这种方法适用于路堑纵向长度和深度都很大时。先将路堑纵向挖通，然后沿横向坡面进行挖掘，以增加开挖坡面。为了加快工程进度，施工中，每一个坡面分别设置一个机械施工班组进行作业。

（二）石质路堑施工

1. 开挖要求

确定开挖程序之后，根据岩石的条件、开挖尺寸、工程量以及施工技术要求，选择合适的开挖方法。石质路堑开挖的基本要求如下。必须保证施工安全与开挖质量；保证开挖强度，并且能够在既定工期内完工；施工方法要有利于维护岩体的完整和边坡的稳定性；减少辅助工程的数量。

2. 开挖方法

（1）爆破法

①光面爆破

在开挖限界的周边，适当排列一定间隔的炮孔，在有侧向临空面的情况下，用控制抵抗线和药量的方法进行爆破，使之形成一个光滑平整的边坡。

②预裂爆破

在开挖限界处按适当间隔排列炮孔，预先炸出一条裂缝，使拟爆体与山体分开，作为隔震减震带，起保护和减弱开挖限界以外山体或建筑物的地震破坏作用。

③微差爆破

两相邻药包或前后排药包以毫秒的时间间隔（一般为 15 ~ 75ms）依次起爆，称为微差爆破，亦称毫秒爆破。多发一次爆破最好采用毫秒雷管。多排孔微差爆破是浅孔深孔爆破发展的方向。

④洞室爆破

为使爆破设计断面内的岩体大量抛掷（抛坍），减少爆破后的清方工作量，保证路基的稳定性，可根据地形和路基断面形式，采用抛掷爆破、定向爆破、松动爆破的方法。

（2）松土法

利用岩体的各种裂缝和结构面可以采用松土法开挖。该方法是先用推土机牵引松土器将岩体翻松,再用推土机、装载机与自卸汽车配合,将翻松的岩块搬运到指定地点。

松土法开挖避免了爆破作业的危险性,有利于挖方边坡的稳定和附近建筑设施的安全。凡能用松土法开挖的石方路堑,应尽量不采用爆破法施工。随着大功率施工机械的产生和使用,松土法越来越多地应用于石质路堑的开挖,而且开挖的效果越来越好,适用的施工范围也越来越广。

采用松土法开挖时,岩体需具有较大的岩体破裂面或风化程度较严重。当岩体已裂成小石块或呈粒状时,松土只能劈成沟槽,效率较低。沉积岩有沉积层面,比较容易松开,沉积层越薄越容易松开。变质岩松开的难易程度和破裂面发育程度有关。对于岩浆岩,由于其不呈层状或带状,松开比较困难,较少采用松土法开挖。

（3）破碎法

破碎法开挖是利用破碎机凿碎岩块,然后进行挖运等作业。这种方法是将凿子安装在推土机或挖土机上,利用活塞的冲击作用使凿子产生冲击力以凿碎岩石,其破碎岩石的能力取决于活塞的大小。

破碎法主要用于岩体裂缝较多、岩块体积小、抗压强度低于100MPa的岩石。由于开挖效率不高,只能用于前述两种方法不能使用的局部场合,作为爆破法和松土法的辅助作业方式。

石质路堑开挖前和施工过程中,应随时检查坡顶、坡面的危石、裂缝和其他不稳定情况,并及时处理。

三、路基压实

（一）路基压实的意义与作用机理

1.路基压实的意义

路基施工破坏了土体的天然状态,致使其结构松散,颗粒重新组合。试验研究表明,土基压实后,土体的密实度提高,透水性降低,毛细水上升高度减小,避免了因水分积聚和侵蚀而导致的土基软化,或因冻胀而引起的不均匀变形,提高了路基的强度和水稳定性。

因此,路基的压实工作,既是路基施工过程中的一个重要工序,也是提高路基强度与稳定性的根本技术措施之一。

2.路基压实机理

路基土是由土粒、水分和空气组成的三相体系。三者具有各自的特性,并相互制约共存于一个统一体中,构成土的各种物理特性——渗透性、黏滞性、弹性、塑性和力学强度等。若三者的组成情况发生改变,则土的物理性质也随之不同。因此,要改变土的特性，得从改变其组成着手。

压实路基就是利用机械的方法来改变土的结构，以达到提高土的强度和稳定性的目的。路基土受压时，土中的空气大部分被排出土外，土粒则不断靠拢，重新排列成密实的新结构。土粒在外力作用下不断靠拢，使土的内摩阻力和黏结力也不断地增加，从而提高土的强度。同时，由于土粒不断靠拢，水分进入土体的通道减少，阻力增加，降低了土的渗透性。

（二）土质路基的压实

1.影响土质路基压实的因素

（1）含水量对压实的影响

土中含水量对压实效果的影响比较显著。当含水量较小时，由于粒间引力使土保持着比较疏松的状态或凝聚结构，土中空隙大都互相连通，水少而气多，在一定的外部压实功能作用下，虽然土空隙中气体易被排出，密度可以增大，但由于水膜润滑作用不明显以及外部功能不足以克服粒间引力，土粒相对移动不容易，因此压实效果比较差。含水量逐渐增大时，水膜变厚，引力缩小，水膜起润滑作用，外部压实功能比较容易使土体相对移动，压实效果渐佳。土中含水量过大时，空隙中出现了自由水，压实功能不可能使水排出，压实功能一部分被自由水所抵消，减小了有效压力，压实效果反而降低。然而，含水量较小时，土粒间引力较大，虽然干密度较小，但其强度可能比最佳含水量时还要高。可此时因密实度较低，空隙多，一经饱水，其强度会急剧下降。这又得出结论：在最佳含水量情况下，压实的土水稳性最好，最佳含水量和最大干密度是两个十分重要的指标，对路基设计和施工很有用处。

（2）土质对压实效果的影响

不同的土质具有不同的最佳含水率及最大干密度，其压实效果也不同。土粒越细，比面积越大，土粒表面的水膜越多。加之黏土中含有亲水性较高的胶体物质，因此，分散性（液限、黏性）较高的土，其最佳含水率较高而最大干密度较低。对于沙土，由于其颗粒粗呈松散状，水分易于散失，故最佳含水率对其没有更多的实际意义。

（3）压实功能对压实效果的影响

压实功能是指压实机具重力、碾压次数、作用时间等，压实功能是影响压实效果的又一重要因素。通常对同一种土，随着压实功能的增大，最佳含水率会降低，最大干密度会增加。因此，增大压实功能是提高土基密实度的另一方法。由于压实功能增加到一定程度后，土的密度增长就不明显了，因此，这种方法有一定局限性。最经济的办法是严格控制工地现场含水率，使碾压在接近最佳含水率时进行，这样便容易达到规定的压实度。

2.压实工作的技术要领

以压实原理为依据，以尽可能小的压实功能获得良好的压实效果为目的，压实工作必须很好地组织，并注意以下要点。

填土层在压实前应先整平，可自路中线向路堤两边做 2% ~ 4% 的横坡；压实机具应先轻后重，以适应逐渐增长的土基强度；碾压速度应先慢后快，以免松土被机械推走；压实机具的工作路线，应先两侧后中间，以便形成路拱，再从中间向两边顺次碾压；在弯道部分设有超高时，由低的一侧边缘向高的一侧边缘碾压，以便形成单向超高横坡，前后两次轮迹（或夯击）须重叠 15 ~ 20cm；压实时应特别注意均匀，否则可能引起不均匀沉陷；经常检查土的含水量，并视需要采取相应措施。

（三）填石路基的压实

填石路基在压实前，应用大型推土机摊铺平整，个别不平处，应用人工配合以细石屑找平。由于压实施工是将各石块之间的松散接触状态改变为紧密咬合状态，因此，应选择工作质量在 12t 以上的重型振动压路机、工作质量在 2.5t 以上的重锤或 25t 以上的轮胎式压路机压（夯）实。

填石路基在压实时，应先碾压两侧（即靠近路肩部分）再碾压中间，压实路线对于轮碾应纵向平行，反复碾压。对夯锤应成弧形，当夯实密实程度达到要求后，再向后移动一夯锤位置。行与行之间应重叠 40 ~ 50cm，前后相邻区段应重叠 100 ~ 150cm。其余注意事项与土质路基相同。

（四）土石路基的压实

土石路基的压实方法与技术要求，应根据混合料中巨粒土含量多少来确定。当巨粒土的含量大于 70% 时，应按填石路基的方法和要求进行压实；当巨粒土的含量小于 50% 时，应按填土路基的方法和要求进行压实。

第三节　特殊路基施工技术

特殊路基指在软土、黄土，膨胀土、盐渍土、多年冻土与季节性冻土及多雨潮湿等地区的土体上修筑的路基。因这些土体的性质与一般路基土体有较大区别，在施工时应单独对待。

一、软土路基施工技术

所谓软土，从广义上讲，就是指强度低、压缩性高的软弱土层，在软土地基上修筑路基，若不加处理，将会发生路基失稳或过量沉陷，导致道路破坏或不能正常使用。习惯上常把淤泥、淤泥质土，软黏性土称为软土。软土的特性主要表现为天然含水率高、孔隙比大，含水量在 34% ~ 72% 之间，孔隙比在 1.0 ~ 1.9 之间，饱和度一般大于 95%，液限一般为 35% ~ 60%，塑性指数为 13 ~ 30。

软土路基由于强度较低，一般不能直接在上面修筑路基，需要经过特殊处理加固后方可修筑。其加固后，可按一般方法进行路基施工，软土路基加固的关键是排水和固结。

（一）换填法施工

换填法。即将地基软弱层全部或部分挖出，换填以强度较高、透水性好、性能稳定、无侵蚀性的材料，并压实，以提高地基承载力，减小沉降量。换填的材料有碎（砾）石、沙、灰土、素土或煤渣等。换填方法有挖填、抛石、爆破等。

1. 开挖换填法

将需要处理的软弱层挖出，采用适当换填材料回填并压实。此法适用于软弱土层埋藏较浅，挖换深度不超过 3m 的情况。

2. 抛石挤淤法

一般采用块径不小于 30cm 的片石，沿路中线向前抛填，再渐次向两侧扩展，或者从软弱层底面由高向低依次抛填，从而将基底的淤泥或泥炭等软弱土挤出。此法适用于排水困难的洼地，软弱土层较薄易于流动，表层无硬壳的情况。

3. 爆破排淤法

在软弱土层中实施爆破作业，利用爆破冲击力将软弱土层中淤泥或泥炭排走，再用良好的填料置换回填。此法换填深度大，功效高，但注意应避免爆破对周围环境的不良影响。

含水量小、回淤较慢的软土或泥沼，应先爆后填，即爆即填；含水量大而回淤较快的软土或泥沼，可先填后爆，填料随爆下沉，以免回淤。

（二）排水固结法施工

1. 排水固结法概述

排水固结法是在软土地基中设置竖向排水体，然后对软土地基预先施加一个外部荷载，使得软土土体中的孔隙水逐渐被排出加固区外而固结，从而使土的含水量降低，孔隙比减小，抗剪强度提高，以达到提高地基承载力和减少工后沉降的目的。

排水固结法通常由排水系统和加压系统两部分组成。

加压系统是对软土地基施加一个临时起固结作用的荷载，促使土中的孔隙水在压差的作用下向外渗流，从而达到固结的目的。

按加压方式的不同，排水固结法可分为堆载预压法、真空预压法、真空堆载联合预压法、电渗降水法、降低地下水位法等。

排水系统主要是为了改变软土地基原有排水边界条件，增加孔隙水排出的通道，缩短排水路径。

该系统由竖向排水体和水平向排水体组成，竖向排水体能是普通沙井、袋装沙井、塑料排水带；水平向排水体能是沙垫层、软式透水管或盲沟，两者共同组成立体的排水管网。

2. 施工方法

（1）沙井法

用锤击、震动、射水等方式成孔，在孔内灌沙形成沙井。沙井表面铺设 0.5m ~ 1.0m 厚的沙垫层或砂沟。排水固结速度与堆载量大小、加载速度、沙井直径、间距、深度等因素有关。

实践证明，预压加载量大致与设计荷载接近，预压至 80% 的固结度。就路基而言，加载工作往往可以直接用填土取代。填土速度根据施工工期、地基强度增长情况分级填筑，以每昼夜地面沉降量不超过 1.5cm、坡脚侧向位移不超过 0.5cm 来控制。

沙井直径多为 30 ~ 40cm，间距 2 ~ 4m，平面上呈梅花形或正方形布置，尤以梅花形布置效果为佳；其深度以穿越路基可能的滑动面为宜。沙井用沙为中粗沙，含泥量不宜大于 3%。为了缩短沙井排水距离，往往预先在直径约 7cm 的圆筒状编织袋里装满沙，然后放入成孔中。此法称袋装沙井法，该法能保证沙井的密实性和连续性，成孔时对土层挠动少，具有施工机具简单、成本低等优点。袋装沙井间距一般为 1 ~ 1.4m，其他与普通沙井相同。

（2）排水板法

用纸板、纤维、塑料或绳子代替沙井的沙做成排水井。其原理和方法完全与沙井排水法相同。目前，基本上以带沟槽的塑料芯板作为排水板，因此，排水板法又称塑料板法。

（3）盲沟排水法

在路堤填方前深挖纵向、横向沟，回填碎石，排出地下水，以达到路基固结的目的。此外，排水固结法还包括降水预压和真空顶压等新技术。

（三）其他特殊地基处理方法

1. 沙桩挤密法

沙桩挤密法指用振动、冲击或水冲等方式在软弱地基成孔后，再将沙挤压入已成的孔中，形成大直径的沙所构成的密实桩体。

2. 碎石挤密桩法

碎石挤密桩加固软弱地基，主要是利用夯锤的垂直夯击填入孔中的碎石，夯击能量通过碎石向孔底及四周传递，将孔底及桩周围的土挤密，并有一些碎石挤入碎石桩四周的软土中。在形成碎石桩的同时，桩周也形成一个与碎石胶结的挤密带，提高原地基的承载力，碎石桩与桩间地基土形成复合地基，共同承担上部荷载。

3.CFG 桩法

水泥粉煤灰碎石桩简称 CFG 桩，是在碎石桩基础上加进一些石屑、粉煤灰和少量水泥，加水拌和制成的一种具有一定黏结强度的桩，和桩间土、褥垫层一起形成复合地基。CFG 桩法也是近年来新开发的一种地基处理技术。

4. 树根桩法

树根桩是一种用压浆方法成桩的微型桩。树根桩是指桩径在 70 ~ 250mm，长径比大于30mm，采用螺旋钻成孔、强配筋和压力注浆工艺成桩的钢筋混凝土就地灌注桩。

5. 夯实扩底桩与混凝土薄壁管桩法

夯实护底灌注桩（简称夯实扩底桩），通过击入沉管全部现浇混凝土，利用重锤夯击桩端新灌混凝土，在最大限度扩大桩头的同时，对桩端地基强制夯实挤密。通过桩端截面的增大和对地基土的挤密，显著提高桩头地基承载能力，进而提高桩端竖向承载力。然后现浇混凝土桩身，形成桩侧摩阻力。

二、湿陷性黄土地区路基施工

（一）湿陷性黄土路基病害

在自重湿陷性黄土地区，由于降雨或灌溉在路侧形成积水的持续下渗，湿陷性黄土层发生湿陷，在地表面形成平面为椭圆形湿陷坑。一般的陷坑直径为 15 ~ 30cm，中心坑深为 30 ~ 60cm。最大的湿陷坑直径可达 500 ~ 600cm，中心湿陷坑深度可达 90 ~ 100cm。在湿陷坑范围内的路基、路面、桥涵、挡土墙随之发生沉陷、变形、开裂和破坏。

形成湿陷坑要具备两个条件：一是黄土层具有自重湿陷性且具有一定厚度；二是浸水要有一定的范围和足够的时间。

一般情况下，浸水坑或积水洼地的边长或直径应大于 10m，才会形成湿陷或湿陷坑。在浸水直径足够大的情况下，浸水一到数天即开始发生湿陷，一般经过两周以后，浸透整个湿陷性土层并形成最终的湿陷坑。

（二）湿陷性黄土路基施工

1. 湿陷性黄土填筑路堤

路床填料不得使用老黄土。路堤填料不得含有粒径大于 100mm 的块料；在填筑横跨沟堑的路基土方时，应做好纵横向界面的处理；黄土路堤边坡应拍实，并应及时予以防护，防止路表水冲刷；浸水路堤不得用黄土填筑。

2. 湿陷性黄土路堑施工

路堑施工前，应做好堑顶地表排水导流工程；路堑施工期间，开挖作业面应保持干燥；路堑路床土质符合设计规定时，则应将其挖除，另行取土，分层摊铺、碾压至规定的压实度，挖除厚度根据道路等级对路床的要求而定，高速公路、一级公路宜挖除 50cm，其他公路可挖除 20cm；路堑施工中，如边坡地质产生变形，应采取措施进行边坡的防护加固。

三、膨胀土地区路基施工

（一）膨胀土的工程特性

膨胀土在受潮后体积会扩大，也就是人们所说的膨胀；而在失水后体积会变小，产生收缩开裂的现象。膨胀土中的主要矿物成分以强亲水性矿物蒙脱石和伊利石为主。一般情况下，膨胀土多以硬塑或坚硬状态存在于自然界中，表面存在裂隙，并且裂隙会随着气候的变化扩大或者缩小。膨胀土在二级或者二级以上的阶地、山前丘陵和盆地边缘，地形坡度平缓，无明显自然陡坎的位置较多，主要特征有胀缩性、裂隙性和超固结性。膨胀土地区的路基更易发生剥落、冲蚀、泥流、溜坍、塌滑、滑坡、沉陷、纵裂、坍肩等病害。

（二）膨胀土路基施工

1. 路堤填筑

强膨胀土稳定性差，不应作为路堤填料；中等膨胀土宜经过加工后作为填料，用于二级及二级以上公路路堤填料时，改性处理后胀缩总率应不大于 0.7%；弱膨胀土可根据当地气候、水文情况及道路等级加以应用。

对于直接使用中、弱膨胀土填筑路堤时，应及时对边坡及顶部进行防护，高度不足 1m 的路堤，应按设计要求采取换填或改性处理等措施。表层为过湿土，应按设计要求采取换填或进行固化处理等措施。填土高度小于路面和路床的总厚度，基底为膨胀土时，宜挖除地表 0.30 ~ 0.60m 的膨胀土，并将路床换填为非膨胀土或掺灰处理。若为强膨胀土，挖除深度应达到大气影响深度。

2. 路堑开挖

挖方边坡不要一次挖到设计线，沿边坡预留厚度 30 ~ 50cm，待路堑挖完时，再削去边坡预留部分，并立即浆砌护坡封闭。膨胀土地区的路堑，高速公路、一级公路的路床应超挖 30 ~ 50cm，并立即用粒料或非膨胀土分层回填或用改性土回填，按规定压实，其他各级公路可用膨胀土掺石灰处治。

3. 路基填筑

膨胀土路基填筑松铺厚度不得大于 300mm；土块粒径应小于 37.5mm。路基完成后，当年不能铺筑路面时，应按设计要求做封层，其厚度应不小于 200mm，横坡不小于 2%。

四、盐渍土地区路基施工

（一）盐渍土路基的主要病害

易溶盐在土中的移动（垂直移动、水平移动、灌区的移动），造成盐渍土路基的一些主要病害，通常有溶蚀、盐胀、冻胀、翻浆等。

1. 溶蚀

主要是氯盐渍土，其次是硫酸盐渍土，受水对土中盐分溶解，可形成雨沟、洞穴，甚至湿陷、塌陷等路基病害。

2. 盐胀

路基边坡和路肩表层在昼夜温度变化所引起的盐胀反复作用下，变得疏松、多孔，易遭风蚀，并伴随沉陷。

3. 冻胀

氯盐渍土，当含盐量在一定范围内，由于冰点下降，水分积聚流动时间加长，可加重冻胀。但含盐量更多时，由于冰点降低很多，路基将不冻结或减少冻结，从而不产生冻胀或只产生轻冻胀。硫酸盐渍土具有和氯盐渍土类似的作用，但冰点降低不如氯盐多，因此影响不如氯盐显著。

4. 翻浆

氯盐渍土，当含盐量在一定范围时，不仅可以加剧冻胀，也可以加重翻浆。这是因为氯盐渍土不仅聚冰多，而且液塑限低，蒸发缓慢。

当含盐量更多时，也因不冻结或冻结而不翻浆或减轻翻浆；硫酸盐渍土，在降低冰点方面，其作用和氯盐渍土类似。因此，可以加重翻浆，但不如氯盐渍土显著。

春融时，结晶硫酸盐脱水可引起加重翻浆的作用；铝盐渍土，由于透水性差，可减轻冻胀和翻浆。

（二）盐渍土路基施工

1. 路基基底的处理

盐渍土地区路堤基底，必须先行处理。

一般含盐量大的土层多分布于地表，所以必须严格清除表层植被、盐壳、腐殖土等；在具有湿陷性地段，必须挖除表层湿土后进行换填，换填厚度不应小于30cm。换填沙砾石，分层碾压密实，然后分层填筑沙砾料，碾压达到规定压实度。

本工程对路基基底（包括护坡道内）范围内表层的盐霜、盐壳、高含量盐土、腐殖质土等和植被及其根系严格清除，清除表土深度不小于30cm；清除后的基底做成双向1.5%左右的外倾横坡并按规定回填，严格压实。

2. 路基毛细水隔断层的设置

设置毛细隔断层时，在路基边缘以下0.4～0.6m处（或路基底部）的整个路基宽度上设置。隔断层的材料可用卵石、碎石或其他粒径约5～50mm的沙砾，厚度采用0.15～0.3m，并在上、下面各铺设一层5～10cm厚粗沙或石屑作为反滤层，以防止隔断层失效。

3. 路基高度

根据有关地区的经验，碱土地段路基填土高度可比非盐渍土地段适当降低；在过干地区深度饱和的地下盐水地段，路基填土高度可比低矿化度或淡水的地下水情况适当降低。

4. 路基边坡与路肩的处理

（1）边坡坡度

盐渍土路堤的边坡值，没有水浸时，可按表4-3采用；有水浸时，可按表4-4采用。

表4-3　无水浸的边坡值

路堤填土高度/m	边坡值
小于1.5	1:1.5
大于1.5	1:2.0

表4-4 有水浸的边坡值

浸水程度	填细粒土	填粗粒土	备注
短期浸水	1:2~1:3	1:1.75~1:1.2	当流水速度引起冲刷时，边坡应加防护
长期浸水	不可用	1: 2~1:3	

（2）边坡及路肩加固

对于强盐渍土，无论其路基结构如何，边坡及路肩都必须进行加固。为保证路基有效宽度，当路基容易遭受雨水冲刷、淋溶和松胀时，对强盐渍土及过盐渍土的路基宽度，应较标准路基宽度增加0.5 ~ 1.0m。在过盐渍土地区，对路肩的加固，可用粗粒浸水材料掺在当地土内封闭路肩表层，也可用沥青材料封闭路肩或用15cm的盐壳加固。

第四节 路基工程质量通病及防治措施

路基工程施工如果没有按照标准，公路在长时间使用之后，有时会出现裂缝、沉降、滑坡等病害，对公路的正常使用产生一定的影响，严重时还会阻碍交通。因此，在路基阶段的施工过程中，需要严格按照规范施工，延长公路的施工寿命。

一、路基压实质量问题的防治

（一）路基行车带压实度不足

1.路基行车带压实度不足原因分析

压实程序的次数没有达到标准要求；使用的压实机械不合理，不同的厚度与不同的土质需要使用的压实机械不同；碾压作业过程比较草率，路面没有被碾压均匀；路基的含水量不符合规定；在填筑之前没有对其表面进行处理；土场存在多种土质的土壤，填筑时单层可能出现了不同性质的填料；填土的颗粒过大使得颗粒与颗粒之间的间隙过大，使得路基之中有缝隙，或者使用的填料不符合标准。

2.路基行车带压实度不足预防措施

确保压路机的碾压遍数符合规范要求；选用与填土土质、填土厚度匹配的压实机械；压路机应进退有序，碾压轮迹重叠、铺筑段落搭接超压应符合规范要求；填筑土应在最佳含水量 ±2% 时进行碾压，并保证含水量的均匀；当紧前层因雨松软或干燥起尘时，应彻底处置至压实度符合要求后，再进行当前层的施工；不同类别的土应分别填筑，不得混填，每种填料层累计厚度一般不宜小于0.6m；优先选择级配较好的粗粒土等作为路堤填料，填料的最小强度应符合规范要求；填土应水平分层填筑，分层压实，压实厚度通常不超过 20cm，路床顶面最后一层通常不超过 15cm，且满足最小厚度要求。

3. 路基行车带压实度不足治理措施

因含水量不适宜未压实时，应洒水或翻晒至最佳含水量后再重新碾压；因填土土质不适宜未压实时，应清除不适宜填料土，换填良性土后重新碾压；对产生"弹簧土"的部位，可将其过湿土翻晒，或掺生石灰粉翻拌，待其含水量适宜后重新碾压，或挖除换填含水量适宜的良性土壤后重新碾压。

（二）路基边缘压实度不足

1. 路基边缘压实度不足原因分析

路基填筑宽度不足，未按超宽填筑要求施工；压实机具碾压不到边；路基边缘漏压或压实遍数不够；采用三轮压路机碾压时，边缘带（0 ~ 75cm）碾压频率低于行车带。

2. 路基边缘压实度不足防治措施

路基施工应按设计的要求进行超宽填筑；控制碾压工艺，保证机具碾压到边；认真控制碾压顺序，确保轮迹重叠宽度和段落搭接超压长度；提高路基边缘带压实遍数，确保边缘带碾压频率高于或不低于行车带；校正坡脚线位置，路基填筑宽度不足时，返工至满足设计和"规范"要求（注意：亏坡补宽时应开台阶填筑，严禁贴坡），控制碾压顺序和碾压遍数。

二、路基边坡病害的原因及防治

（一）边坡滑坡病害的原因及防治

1. 边坡滑坡病害原因分析

在设计过程中没有考虑到地震、洪水或者地下水位变化等自然原因；路基基地没有严格按照规定清理，存在一定量的软土，并且软土的厚度不均匀；填土工作进行的速度过快，而其中的沉降观测工作和侧向移位观测不到位；路基处于陡峭的斜坡面上；路基填筑层有效宽度不够，边坡二期贴补；路基顶面排水不畅；用透水性较差的填料填筑路堤处理不当；边坡植被不良；未处理好填挖交界面。

2. 边坡滑坡病害防治措施

路基设计时，充分考虑使用年限内地震、洪水和水位变化给路基稳定带来的影响；软土处理要到位，及时发现暗沟、暗塘并妥善处治；加强沉降观测和侧向位移观测，及时发现滑坡苗头；掺加稳定剂提高路基层位强度，酌情控制填土速率；路基填筑过程中严格控制有效宽度；用透水性较差的土填筑路堤下层时，应做成 4% 的双向横坡，如用于填筑上层，除干旱地区外，不应覆盖在由透水性较好的土所填筑的路堤边坡上；当原地面纵坡大于 12% 或横坡陡于 1 ：5 时，应按设计要求挖台阶，或设置坡度向内并大于 4%、宽度大于 2m 的台阶。应从最低处起分层填筑，逐层填压密实；加强地表水、地下水的排除，提高路基的水稳定性；减轻路基滑体上部重量或采用支挡、锚拉工程维持滑体的力学平衡，同时设置导流、防护设施，减少洪水对路基的冲刷侵蚀。

（二）边坡塌落病害的原因及防治

1. 边坡塌落病害的原因分析

（1）土质路堑边坡塌落的原因

由于边坡土质属于很容易变松的沙类土、砾类土以及受到雨水浸入后易于失稳的土，而在设计或施工时采用了较小的边坡坡度；较大规模的崩塌，一般多产生在高度大于 30m，坡度大于 45°（大多数介于 55°～70°之间）的地形条件；上缓下陡的凸坡和凹凸不平的陡坡；暴雨、久雨或强震之后，雨水渗入土体，使斜坡岩体的稳定性降低，或者由于流水冲掏下部坡脚，削弱斜坡的支撑部分，或者由于地震改变了坡体的稳定性及平衡状态而发生边坡塌落；在多年冰冻地区，由于开挖路基，含有大量冰体的多年冻土溶解，引起路堑边坡坍塌。

（2）石方路堑边坡塌落的原因

排水措施不当或施工不及时形成地表水和地下水；大爆破施工，施工时路堑开挖过深、过陡，或由于切坡使软弱结构面暴露，边坡岩体推动支撑；由于坡顶不恰当的弃土，增加了坡体重量。

2. 边坡塌落病害的防治

（1）排水

在可能发生塌落的地段，必须做好地面排水设施。

（2）加固边坡

及时清除滑塌的土石方及路基上方的危岩、危石。对于土质路基，可种草或植树，对于风化的软质岩层，可修建干砌或浆砌护面墙。如有危及行车安全的路段，应拉警示带，设置必要的安全警示标志，并根据地形和岩层情况，采用嵌补、支顶等方法予以加固；设置拦截构造物。在小型塌落地段，应尽量采取全部清除的办法，如由于基岩破坏严重，塌落的物质来源丰富，则宜修建落石平台、落石槽、拦石墙等构造物。

（3）设置支挡构造物

由于存在软弱结构面而易引起塌落的高边坡，可根据情况采用支挡构造物，以支撑边坡，防止软弱结构面的张开或扩大。主要防治公路上方的危岩、危石等。采用柔性防护网。

三、高填方路基沉降病害的原因及防治措施

（一）高填方路基沉降病害的原因分析

按一般路堤设计，没有验算路堤稳定性、地基承载力和沉降量；地基处理不彻底，压实度达不到要求，或地基承载力不够；高填方路堤两侧超填宽度不够；工程地质不良，且未做地基孔隙水压力观察；路堤受水浸泡部分边坡陡，填料土质差；路堤填料不符合规定，随意增大填筑层厚度、压实不均匀，且达不到规定要求；路堤固结沉降。

（二）高填方路基沉降病害的防治措施

高填方路堤应按相关规范要求进行特殊设计，进行路堤稳定性、地基承载力和沉降量验算；地基应按规范进行场地清理，并碾压至设计要求的地基承载压实度，当地基承载力不符合设计要求时，应进行基底改善加固处理；高填方路堤应严格按设计边坡度填筑，路堤两侧必须做足，不得贴补帮宽，路堤两侧超填宽度一般控制在30～50cm，逐层填压密实，然后削坡整形；对软弱土地基，应注意观察地基土孔隙水压力情况，根据孔隙水压确定填筑速度，除对软基进行必要处理外，从原地面以上1～2m 高度范围内不得填筑细粒土；高填方路堤受水浸泡部分应采用水稳性及透水性好的填料，其边坡如设计无特殊要求时，不宜陡于1∶2.0；严格控制高路堤填筑料，控制其最大粒径、强度，填筑层厚度要与土质和碾压机械相适应，控制碾压时含水量、碾压遍数和压实度；路堤填土的压实不能代替土体的固结，而土体固结过程中产生沉降，沉降速率随时间递减，累积沉降量随时间增加，因而，高填方路堤应设沉降预留超高，开工后先施工高填方段，留足填土固结时间。

四、路基横向裂缝病害的原因及防治措施

（一）路基横向裂缝病害的原因分析

在施工时选用的填料不符合要求，其液限超过 50，塑性指数超过 26；没有按照施工要求，按填料的性质进行分层填筑，而是将性质不同、塑性指数相差较多的填料混合在同一层进行填筑；路基顶层的填筑没有按照衔接规范进行施工，导致衔接部位产生异常；路基顶与其下层的平整度和填筑厚度相差太大，并且其最小的压实厚度低于 8cm；暗涵结构物基底沉降或涵背回填压实度不符合规定。

（二）路基横向裂缝病害的防治措施

严格要求路基填料的材质，所有材料的液限都需要在 50 以上，并且塑性指数大于 26；性质不同的填料必须严格按照规定分层进行填筑，同一层填筑材料的性质必须相同；在路基顶层的施工过程中，在两段的交接部分，需要按照标准进行；路基施工过程中的每一个填筑层的高度、平整度都需要进行严格控制，保证路基顶填筑层压实厚度不小于 8cm；暗涵结构物施工时检查基底承载力，控制暗涵结构物沉降，涵背回填透水性材料，层厚宜 15cm 一层，在场地狭窄时可用小型压路机压实，控制压实度符合规定。

第五章　路面施工技术

路面是用各种材料或混合料分层修筑在路基顶面供车辆行驶的层状结构物，直接经受车辆荷载与自然因素综合作用，因此路面的性能应能满足车辆安全、迅速、舒适的行驶要求。

路面施工是保证路面使用寿命的重要环节之一。路面结构组合设计、材料设计和厚度设计为路面使用寿命的延长提供了技术保障，而路面施工则是实现这些技术的最后环节。

一是路面施工要进行合理的施工组织设计；二是路面设计单位、施工管理单位、施工监理单位与施工单位之间必须协调配合，各司其职，做到精心设计、认真施工、严格管理。

因此，在路面施工过程中必须层层把关、严格要求，路面施工工艺和施工质量直接影响到公路的行车安全和运营效益，是关系到公路整体服务水平的关键。

第一节　路面基层施工技术

在路面结构中，直接位于路面面层之下的主要承重层称为基层。铺筑在基层下的次要承重层称为底基层。基层承受由面层传递的行车荷载的垂直应力作用，抵御自然因素的影响，是路面整体结构的主要组成部分。基层根据组成材料和使用性能的不同，可分为有结合料稳定类（有机结合料类和无机结合料类）和无结合的料粒料类。

一、路面基层概述

（一）基层、垫层的含义

1. 基层

基层是面层的下卧层，主要承受由面层传来的车辆载荷的垂直力，并将其扩散到下面的垫层和土基中去，它是路面结构中的承重层，应具有足够的刚度和强度。虽然位于面层之下，但是仍有可能经受地下水和渗入雨水的侵蚀，所以应具有足够的水稳定性和冰冻稳定性，以及足够的抗冲刷能力。

2. 垫层

垫层介于土基与基层之间，它的功能是改善土基的湿度和温度状况，以保证面层和基层的强度、刚度和稳定性不受土基水温状况变化造成的不良影响。另外，可以将基层传下的车辆荷载应力扩散，以减小土基产生的应力和变形。

（二）路面基层的分类

1. 有结合料的稳定类

有机结合料稳定类：包括热拌沥青碎石或乳化沥青碎石混合料、沥青贯入碎石等。无机结合料稳定类主要包括以下几种。

水泥稳定类：包括水泥稳定沙砾、沙砾土、碎石土、未筛分碎石、石屑、土等，以及经加工性能稳定的钢渣、矿渣等。

石灰稳定类：包括石灰稳定土（石灰土）、天然沙砾土、天然碎石土，以及用石灰土稳定级配沙砾、级配碎石和矿渣等。

综合稳定类：石灰粉煤灰类包括石灰粉煤灰、二灰土、二灰砂、二灰碎石、二灰矿渣等；石灰粉煤灰包括水泥粉煤灰沙砾、碎石及砂等；石灰煤矿渣包括石灰煤渣、石灰煤渣土、石灰煤渣碎石、石灰煤渣沙砾等。

2. 无结合料的粒料类

嵌锁型：包括泥结碎石、泥灰结碎石、填隙碎石等。

级配型：包括级配碎石、级配砾石、符合级配的天然沙砾、部分经轧制掺配而成的级配砾石、碎石等。

（三）路面基层的作用

沥青类路面通过厚度较薄的柔性面层分布传递荷载于基层，常须铺筑较厚的基层作为承重层；当基厚度较大时，还可视受载情况和当地材料供应情况等，分两层铺筑。

直接位于沥青面层（可以是一层、二层或三层）下用高质量材料铺筑的上层为主要承重层，称作基层；位于主要承重层下用质量较差一些的材料铺筑的下层为次要承重层，称作底基层。

水泥混凝土路面通过较厚的刚性路面板（面层）极大地扩散荷载，故分布于基层的荷载很小，水泥混凝土路面板本身就起到了承重作用。但是水泥混凝土是脆性材料，变形能力较小，抗弯拉强度仅有抗压强度的 1/6 或 1/7 左右。

因此，要求混凝土板下的基层起连续、均匀支承的弹性地基作用，使混凝土板获得可靠支撑，不脱空，从而充分发挥水泥混凝土板的承重作用。通常水泥混凝土路面基层厚度比沥青类路面基层要小得多，一般不设底基层。

二、半刚性基层施工

（一）半刚性材料的概念和特点

半刚性路面基层是指在路面基层材料中掺入一定比例的石灰、水泥、粉煤灰或其他工业废渣等结合料，加水拌和形成的混合料，经摊铺压实及养护后形成的路面基层，与传统的全柔性路面基层（级配碎石、级配砾石、填隙碎石等）相比，半刚性路面基层具有较高的强度、刚度及良好的板体性、水稳性和一定的抗冻性，大大提高了路面的承载能力，因而被称为半刚性材料。

20世纪中叶以来，半刚性路面基层在国内外被广泛用作路面基层，特别是理化、力学性能优越的水泥稳定粒料与石灰、粉煤灰稳定粒料（通常称为二灰稳定粒料），被广泛用作高等级道路路面的基层与底基层。因其强度大、承载能力高，对适应较薄的沥青面层，适当减薄沥青面层，具有很大的现实意义与经济意义。半刚性基层材料以其强度高、原材料来源广、修建成本低等优势，成为我国公路建设中的主导路面基层类型。

但是半刚性基层材料组成设计指标、材料结构单一，致使所设计的基层抗裂、抗冲刷能力不足，降低了其应用效果。

（二）半刚性基层施工工艺

1. 路拌法施工（以石灰稳定土为例）

路拌法施工工艺流程如图 5-1 所示。

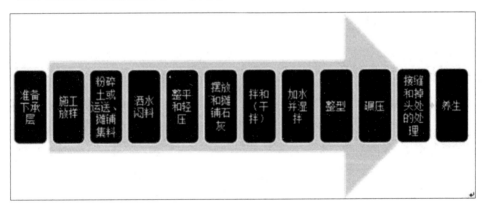

图5-1 水泥稳定土路拌法施工工艺流程

（1）准备下承层

当石灰稳定土用作基层时，要准备底基层；当石灰稳定土用作底基层时，要准备土基。对土基必须用 12 ~ 15t 三轮压路机或等效的碾压机械进行碾压检验。

在碾压过程中如发现土过干、表层松散，应适当洒水；如土过湿，发生"弹簧"现象，应采用挖开晾晒换土、掺石灰或水泥等措施进行处理；在槽式断面的路段，两侧路肩上每隔一定距离（如 5 ～ 10cm）应交错开挖泄水沟（或做盲沟）。

（2）施工放样

在底基层、老路面或土基上恢复中线；直线段每 15 ～ 20m 设一桩，平曲线段每 10 ～ 15m 设一桩，并在两侧路肩边缘外设指示桩；进行水平测量；在两侧指示桩上用明显标记标出水泥稳定土层边缘的设计高。

（3）备料

根据灰土层的宽度、厚度及最大干密度，计算出需要干燥土的数量；再根据土的含水量和所用运料车辆的吨位，计算每车料的堆放距离和每平方米灰土需要的石灰用量，确定石灰摆放的纵横间距。

按照松铺厚度将土摊铺均匀，有利于机械化施工；铺土后，先用推土机大致推平，然后用平地机整平，清余补缺，保证厚度一致，表面平整。

（4）洒水闷料

如果已经整平的土含水量过低，那么需要在土层上洒水闷料；需要注意的是，洒水要均匀，杜绝出现局部水分过多的现象，严禁洒水车在洒水段内停留和掉头。

（5）摆放和摊铺石灰

按计算所得的每车石灰的纵横间距，用石灰在土层上做标记，同时划出摊铺石灰的边线；用刮板将石灰均匀摊开，石灰摊铺完后，表面应没有空白位置。测量石灰的松铺厚度，根据石灰的含水量和松密度，校核石灰用量是否合适。

（6）拌和与洒水

对于二级及二级以上公路，使用生石灰粉时，宜先用平地机或多铧犁将石灰翻到土层中间，但不能翻到底部；对于三、四级公路的石灰稳定细粒土和中粒土，在没有专用拌和机械的情况下，可用农用旋转耕作机与多铧犁或平地机相配合拌和四遍；为石灰稳定级配碎石或沙砾时，应先将石灰和需添加的黏性土拌和均匀，然后均匀地摊铺在级配碎石或沙砾层上，再一起进行拌合；用石灰稳定塑性指数大的黏土时，应采用两次拌和。第一次加 70% ～ 100% 预定剂量的石灰进行拌和，闷放 1 天到 2 天，此后补足需用的石灰，再进行第二次拌和。

（7）整形与碾压

混合料拌和均匀后应立即用平地机初平。

一般在直线段，由两侧向路中心刮平；在曲线段，由内侧向外侧刮平。然后，用轮胎压路机、轮胎拖拉机或平地机快速碾压。不平整的地方，用齿把把表面5cm耙松，必要时，用新拌的混合料找平，再碾压。每次整平碾压，均需按要求调整坡度和路拱。

为避免出现薄层贴补，在总厚度满足要求的情况下，摊铺时宜宁高勿低，整平时宜宁刮勿补。

整平后当混合料处于最佳含水量不超过1%～2%的范围时，进行碾压。如表面水分不足，应适当洒水。在人工摊铺和整平的情况下，应先用拖拉机、6～8t两轮压路机或轮胎轧路机碾压1～2遍，再用重型轮胎压路机、振动压路机或12t以上的三轮压路机进行碾压。碾压结束之前，用平地机终平一次，使高程、路拱和超高符合设计要求，局部低洼之处不得找补，以免出现薄层贴补现象。

（8）接缝和掉头处的处理

两个工作段之间，需要采用对接的形式进行搭接。在上一部分拌和之后，留下5～8m的距离不进行碾压工作。当进行下一路段的施工时，再与上一段没有碾压的部分共同拌和。需要注意的是，在实际的施工过程中，由于工作需要，拌和机械常常需要掉头，但是已压成的石灰稳定土层上不允许拌和机械掉头。其他拌和机械的掉头位置需要采取必要的保护措施，例如，在上面覆盖10cm左右厚的沙或者沙砾等，使得石灰稳定土层的表面不被机械破坏。

在石灰稳定土层阶段的施工过程中，需要避免纵向接缝的出现，如果必须分两幅施工，纵缝与纵缝之间不能够出现斜接的情况。

2.厂拌法施工（以水泥稳定土为例）

厂拌法施工工艺流程如图5-2所示。

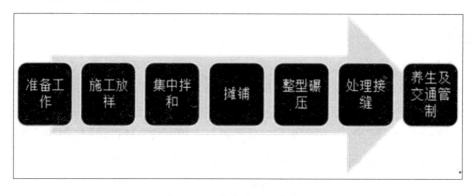

图5-2　厂拌法施工工艺流程

（1）准备工作

向驻施工现场监理单位报送"基层开工报告单"，经同意后方可进行基层施工；土基、垫层、底层及其中埋设的各种沟、管等隐蔽构造物，必须经过自检合格，报请驻场监理单位检验，签字认可后，方可铺筑其上面的基层；各种材料进场前，应检查其规格和品质，不符合技术要求的不得进场；材料进场时，应检查其数量，并按施工平面图堆放，而且还应按规定项目对其抽样检查，其抽样检查结果，报驻场监理单位；水泥稳定土基层施工前应铺筑试验段。

（2）施工放样

恢复中心线，每 10m 设标桩，桩上划出基层设计高和基层松铺的厚度。

松铺厚度＝压实厚度 × 松铺系数

中心线两侧按照路面设计图设计标桩，在标桩上划出基层设计高和基层松铺厚度，这样做的目的是使基层的高度、厚度和平整度达到标准。

（3）拌和与摊铺

拌和时应按混合料配合比要求准确配料，使集料级配、结合料剂量等符合设计，并根据原材料实际含水量及时调整向拌和机内的加水量。水泥稳定土混合料的含水量可比最佳含水量大 1 ~ 2 个百分点，这样可获得较好的压实效果。

拌和好的水泥稳定类混合料应尽快运到施工现场摊铺并碾压成型，以免因时间过长而使混合料强度损失过大。运输混合料的距离较长时，应用篷布等覆盖混合料以免水分损失过大。

对于二级及二级以上公路，应采用专用稳定土拌和机进行拌和，并设专人跟随拌和机，随时检查拌和深度并配合拌和机操作员调整拌和深度。拌和深度应达稳定层底并宜侵入下承层 5 ~ 10mm，以利于上下层黏结，严禁在拌和层底部留有素土夹层。

对于三、四级公路，在没有专用拌和机械的情况下，可用农用旋转耕作机与多铧犁或平地机相配合进行拌和，但应注意拌和效果，拌和时间不能过长；也可用缺口圆盘耙与多铧犁或平地机相配合，拌和水泥稳定细粒土和中粒土，但应注意拌和效果，拌和时间不可过长。

（4）整形碾压

在整形施工过程中，平土机是最受欢迎的施工机械。除了使用机械，还可以直接人工整形。

但需要注意的是，高速公路施工作业一般都使用机械进行整平；在初步整平的阶段，使用轻型的机械快速碾压路面，进而将潜在不平整的位置暴露出来，再进行整平工作也就更加方便了。

一般情况下，整形要进行 1 次到 2 次；路面局部地区可能会出现低洼现象，那么需要使用齿耙把低洼路面表层 5cm 耙松，再使用新拌的混合料进行找补、整平；在整形工序进行过程中，路面不能够有任何车辆通过；在整形工作完成以后，使用大于 12t 的三轮压路机、重型轮胎压路机或振动压路机碾压。

在碾压过程中，碾压的速度应该适中，采用由低处向高处、由近处向远处的方式进行碾压作业，直到达到需要的压实度位置。施工时，基层表面不能过于干燥，需要始终保持潮湿的状态，如果出现表层水蒸气蒸发过快的现象，那么需要施工人员及时补洒少量的水。在碾压过程中如果出现了"弹簧""松散""起皮"等现象，施工人员要及时将这样的路面翻开，重新拌和，或者采用其他有效的方式使路面的质量达到使用标准的要求。

（5）接缝处理

横向接缝的处理方式主要包括以下几点。

使用摊铺机将混合料摊铺，混合料摊铺是持续的过程，不能中断，如果有特殊情况造成摊铺作业中断 2h 以上，再施工时应该设置横向接缝，并且摊铺机要远离混合料的末端。

末端的混合料需要进行人工整平，在混合料的边缘放置两根方形的木棍，方木的高度需要与混合料压实的厚度相等，将方木附近的混合料整平；方木的另一侧用沙砾或碎石回填，回填的距离为 3m 左右，并且回填的高度应该高于方木几厘米；在重新进行摊铺工作之前，把方木、沙砾或者碎石全部清理，下承层也需要彻底清扫；此时将摊铺机放置到已压实层的尾部，重新进行混合料的摊铺工作。

如果摊铺工作因为种种原因中断，也没有按照上述方式将横向接缝进行科学的处理，并且摊铺工作被中断的时间超过了 2h。此时再进行摊铺工作时，需要把摊铺机附近以及机械底部没有完全被压实的混合料清理掉，并将已碾压密实且高程和平整度符合要求的末端挖成一横向垂直向下的断面，这一工作完成之后，才可以进行后续的摊铺工作。

纵向接缝处理方法主要包括以下几点。

在施工过程中，应该尽量避免出现纵向接缝，如果由于某些原因，必须产生纵向接缝，那么纵向接缝必须是垂直的，并且采用以下措施进行科学的处理。

在上一幅摊铺作业过程中，在后面一幅的一侧施工钢模板或者方木作为支撑，这时使用的钢模板或者方木的厚度应该等路面压实的厚度；在道路养生完成之后，在摊铺另一幅路面之前，先将钢模板或者方木拆除。

（6）养生及交通管制

养生期应采取洒水保湿措施，在铺筑上层之前，至少养生 7d。养生方法根据情况可采用洒水、覆盖沙等方法。未采用覆盖措施时，应封闭交通。采用覆盖沙或喷洒沥青膜养生，不能封闭交通时，应限制车速不得超过 30km/h。养生期结束，应立即施工上层，以免产生收缩裂缝；或先铺封层，开放交通，待基层充分开裂后，再施工上层，以减少反射裂缝。

三、粒料类基层施工

（一）级配碎（砾）石

1. 路拌法施工

级配碎石路拌法施工工艺流程如图5-3所示。

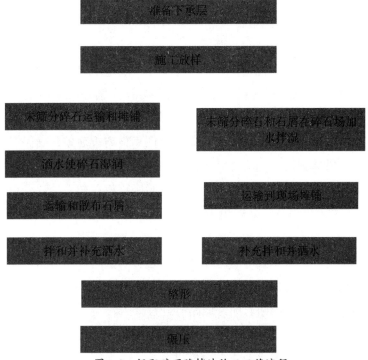

图5-3　级配碎石路拌法施工工艺流程

（1）准备下承层

级配碎石路拌法施工的下承层表面应保持平整，具有规定的路拱，平整度和压实度应符合规范规定。需要注意的是，下承层断面不宜做成槽式。

（2）测量放样

应该按照规范的具体规定逐个断面检查下承层的标高。

（3）备料

计算材料用量，根据各路段的基层或底层的宽度、厚度及规定的压实干密度并按确定的配合比，分别计算各段需要的未筛分碎石和石屑的数量或不同粒级碎石和石屑的数量，并计算每车料的堆放距离。

未筛分碎石的含水量较最佳含水量宜大1%左右。未筛分碎石和石屑可按预定比例在料场混合，同时，洒水加湿，使混合料的含水量超过最佳含水量约1%。

（4）运输与摊铺

集料装车时，应控制每车料的数量基本相等。在同一料场供料的路段内，宜由远到近卸置集料。卸料距离应严格掌握，避免料不够或过多。未筛分碎石和石屑分别运送时，应先运送碎石。

应事先通过试验确定集料的松铺系数并确定松铺厚度。人工摊铺混合料时，其松铺系数约为 1.40 ~ 1.50；平地机摊铺混合料时，其松铺系数约为 1.25 ~ 1.35。用平地机或其他合适的机具将料均匀地摊铺在预定的宽度上，表面应力求平整，并具有规定的路拱。同时，应摊铺路肩用料。

（5）拌和及成型

施工时根据拟定的混合料配合比、基层宽度与厚度及预定达到的干密度等计算确定各规格集料的用量，以先粗后细的顺序将集料分层平铺在下承层上，然后用人工或平地机进行摊平；级配碎（砾）石混合料可用稳定土拌和机、自动平地机、多铧犁与缺口圆盘耙相配合拌和，拌和应均匀，避免出现集料离析现象，确保级配碎（砾）石基层具有良好的整体强度。应边拌和边洒水，使混合料达到最佳含水量。表面整理成规定的路拱横坡，随后用拖拉机、平地机或轮胎压路机在初平的混合料上快速碾压 1 ~ 2 遍，使潜在的不平整部位暴露出来，再用平地机整平。

（6）碾压

整形后，当混合料的含水量等于或略大于最佳含水量时，轮压路机、振动压路机或轮胎压路机进行碾压。直线和不设超高的平曲线段，由两侧路肩开始向路中心碾压，在设超高的平曲线段，由内侧路肩向外侧路肩进行碾压。

碾压时，后轮应重叠 1/2 轮宽；后轮必须超过两段的接缝处。后轮压完路面全宽时，即为一遍，碾压一直进行到符合要求的密实度为止。一般需碾压 6 ~ 8 遍，应使表面无明显轮迹。压路机的碾压速度，头两遍以采用 1.5 ~ 1.7km/h 为宜，以后用 2.0 ~ 2.5km/h。路面的两侧应多压 2 ~ 3 遍。严禁压路机在已完成的或正在碾压的路段上掉头或急刹车。凡含土的级配碎石层，都应进行滚浆碾压，一直压到碎石层中无多余细土泛到表面为止，滚到表面的浆（或事后变干的薄土层）应清除干净。

（7）接缝处理

位于两个作业段之间衔接处的横缝，需要进行搭接拌和；在施工过程中，应该尽量避免纵缝的出现，如果实在难以避免纵缝，那么纵缝也需要进行搭接拌和。

（二）填隙碎石基层施工

填隙碎石基层施工的顺序为：准备下承层→施工放样→运输和摊铺粗骨料→稳压→撒布石屑→振动压实→第二次撒布石屑→振动压实→局部补撒石屑并扫匀→振动压

实，填满空隙洒水饱和（湿法）或洒少量水（干法）→碾压。其中，运输和摊铺粗骨料及振动压实是确保施工质量的关键。

填隙碎石施工时，细集料应干燥；采用振动压路机充分碾压，尽量使粗碎石骨料的空隙被细集料填充密实，而填隙料又不覆盖粗碎石表面自成一层，粗碎石应"露子"。

填隙碎石的压实度用固体体积率来表示，用作基层时，不应小于83%；用作底基层时，不应小于85%。填隙碎石基层碾压完毕，铺封层前禁止开放交通。

第二节　沥青路面施工技术

沥青混合料面层是指用沥青作结合料铺筑的路面结构。由于使用了黏结力较强的沥青材料，集料间的黏结力大大增强，因而提高了沥青混合料的强度和稳定性，使面层的行驶质量和耐久性都得到提高。与水泥混合料面层相比，沥青混合料面层具有表面平整、无接缝、行车平稳、振动小、噪声低、施工期短、养护方便等优点。

一、沥青路面概述

（一）沥青路面的特点

沥青路面由于使用了黏结力较强的沥青材料，使经嵌挤压实的矿料之间的黏结力大大加强，路面的使用质量和耐久性都大为提高。表面平整、坚实、无接缝、行车平稳舒适、噪声小。

路面强度可根据矿料的粒径、颗粒级配和沥青用量的不同进行调节，以适应不同的需要。面层透水小，特别是密实沥青混凝土面层透水更小，能有效防止地表水进入路面基层和路基，从而使路面强度稳定。同时，土基和基层内水分也难以排出。

在潮湿路段，若路面结构处理不当，易发生土基和基层变软，导致路面破坏。沥青混合料的生产可工厂化，质量易得到保证。面层适宜机械化施工，且施工进度快，摊铺完成后就可开放交通，分期建设和后期修补也较方便。

但沥青路面抗弯强度低，温度稳定性差，夏季高温暴晒，路面易变形而破坏；冬季低温时，沥青材料变脆而开裂。另外，履带式车辆不能在沥青路面上行驶。

（二）沥青路面的分类

1.按强度构成原理划分

沥青路面按强度构成原理划分可分为密实类路面和嵌挤类路面。

密实类沥青路面要求矿料的级配按最大密实原则设计，其强度和稳定性主要取决于混合料的黏聚力和内摩阻力。

密实类沥青路面按其空隙率的大小可分为闭式和开式两种：闭式混合料中含有较多的小于0.6mm和0.074mm的矿料颗粒，空隙率小于6%，混合料致密而耐久，但热稳定性较差；开式混合料中小于0.6mm的矿料颗粒含量较少，空隙率大于6%，其热稳定性较好。

嵌挤类沥青路面要求采用颗粒尺寸较为均一的矿料，路面的强度和稳定性主要依靠骨料颗粒之间相互嵌挤所产生的内摩阻力，而黏聚力则起着次要的作用。按嵌挤原则修筑的沥青路面，其热稳定性较好，但因空隙率较大、易渗水，且耐久性较差。

2. 按施工工艺划分

按施工工艺，沥青路面可分为层铺法、路拌法和厂拌法。

层铺法是用分层洒布沥青，分层撒铺矿料和碾压的方法修筑，其主要优点是工艺和设备简便、功效较高、施工进度快、造价较低；其缺点是路面成型期较长，路面需要经过炎热季节行车碾压之后方能成型，用这种方法修筑的沥青路面有沥青表面处治和沥青贯入式两种。

路拌法是在道路现场用机械将矿料和沥青材料就地拌和、摊铺和碾压密实形成沥青面层的方法。

此类面层所用的矿料为碎（砾）石，称为路拌沥青碎（砾）石；所用的矿料为土则称为路拌沥青稳定土。路拌沥青面层，通过就地拌和，沥青材料在矿料中分布比层铺法均匀，可以缩短路面的成型期。但因所用的矿料为冷料，需使用黏稠度较低的沥青材料，故混合料的强度较低。

厂拌法是把具有一定级配的矿料和沥青材料在工厂用专用设备加热拌和，然后送到工地摊铺碾压而成的沥青路面。

矿料中细颗粒含量少，不含或含少量矿粉，混合料为开级配的（空隙率达10%～15%），称为厂拌沥青碎石；若矿料中含有矿粉，混合料按最佳密实级配配制的（空隙率10%以下）称为沥青混凝土。厂拌法按混合料铺筑时温度的不同，又可分为热拌热铺和热拌冷铺两种。

3. 按沥青路面材料技术特点划分

（1）沥青混凝土路面

沥青混凝土路面指按级配原理选配的矿料与适量沥青在严格控制条件下均匀拌和、经摊铺碾压而成型的沥青路面。沥青混凝土是经人工选配具有一定级配组成的矿料（碎石或轧碎砾石、石屑或砂、矿粉等）与一定比例的路用沥青材料，在严格控制条件下拌制而成的混合料。

热拌的沥青混合料宜在集中地点用机械拌制。一般选用固定式热拌厂，在线路较长时宜选用移动式热拌机。冷拌的沥青混合料可以集中拌和，也可就地路拌。沥青混凝土根据厚度不同适合于各级路面。

（2）热拌沥青碎石路面

热拌沥青碎石路面指由一定级配的集料与适量的沥青在要求的控制条件下均匀拌和、经摊铺碾压而成型的沥青路面。热拌沥青碎石适合于三、四级公路。

（3）乳化沥青碎石路面

乳化沥青碎石路面指用乳化沥青作结合料与相关集料在要求的控制条件下均匀拌和、经摊铺碾压而成的沥青路面。乳化沥青是将黏稠沥青加热至热熔状态，经机械的强力搅拌作用，使沥青以细微液滴状态分布在含有乳化剂的水溶液中，成为水包油状的沥青乳液。乳化沥青碎石适合于三、四级公路。

此外，还有沥青玛蹄脂碎石 SMA 路面、沥青贯入路面以及沥青表面处治路面等。

二、沥青路面施工

（一）沥青材料的选择

1.沥青路面原材料的选择

沥青路面原材料包括沥青、粗集料、细集料、填料等。

（1）沥青材料

①石油沥青

沥青路面一般采用道路石油沥青，或经过乳化、稀释、调和、改性等工艺加工处理的石油沥青产品作为结合料。有时也采用煤沥青，但是由于煤沥青对人体健康有害，已很少采用。我国道路石油沥青以针入度为指标分为 7 个标号，每一种标号的沥青，都分为 A、B、C 三个等级，分别适用于不同等级的公路和不同的结构层次，如表 5-1 所示。

②乳化沥青

乳化沥青是石油沥青或煤沥青在乳化剂、稳定剂的作用下经乳化加工制得的均匀的沥青产品，也称沥青乳液。按乳化沥青的使用方法分为喷洒型（用 P 表示）及拌和型（用 B 表示）乳化沥青两大类。

其主要优点为：冷态施工、节约能源；利于施工、节约沥青；乳化沥青施工不需加热，故不污染环境；避免了劳动操作人员受沥青挥发物的毒害。乳化沥青适用于沥青表面处置路面、沥青贯入式路面、常温沥青混合料路面，以及透层、黏层与封层。乳化沥青的类型应根据使用目的、矿料种类、气候条件选用。

表5-1　道路石油沥青的施工范围

沥青等级	适用范围
A级沥青	各个等级的公路，适用于任何场合和层次
B级沥青	高速公路、一级公路沥青下面层以下的层次，二级及二级以下公路的各个层次；用作改性沥青、乳化沥青、改性乳化沥青、稀释沥青的基质沥青
C级沥青	三级及三级以下公路的各个层次

对酸性石料，以及当石料处于潮湿或在低温状态下施工时，宜采用阳离子乳化沥青；对碱性石料，且石料处于干燥状态或与水泥、石灰、粉煤灰共同使用时，宜采用阳离子乳化沥青。

③改性沥青

改性沥青是掺加橡胶、树脂、高分子聚合物、磨细的橡胶粉或其他填料等外掺剂（改性剂），或采取对沥青轻度氧化加工等措施，使沥青或沥青混合料的性能得以改善制成的沥青结合料，使用改性沥青通常对改善沥青路面高温及低温稳定性有明显效果。

改性沥青使用范围如下：目前，改性道路沥青主要用于机场跑道、防水桥面、停车场、运动场、重要交通路面、交叉路口和路面转弯处等特殊场合的铺装应用。近来欧洲将改性沥青应用到公路网的养护和补强，有力地推动了改性道路沥青的普遍应用。

（2）粗集料

沥青混合料用粗集料，可以采用碎石、破碎砾石、筛选砾石、矿渣等。沥青混合料用粗集料，应该洁净、干燥、无风化、不含杂质。在力学性质方面，压碎值和洛杉矶磨耗率应符合相应道路等级的要求。

粗集料应具有良好的颗粒形状，用于道路沥青面层的碎石不宜采用颚式破碎机加工。筛选砾石仅适用于三级及三级以下公路和次干路以下的城市道路的沥青表面，处置路面和拌和法施工的沥青面层的下面层，不得用于贯入式路面及拌和法施工的沥青面层的中上面层。

对用于抗滑表层沥青混合料中的粗集料，应该选用坚硬、耐磨、韧性好的碎石或碎砾石，矿渣及软质集料不得用于防滑表层。用于高速公路、一级公路、城市快速道路、主干路沥青路面表面层及各类道路抗滑用的粗集料，应符合磨耗值和冲击值的要求。在坚硬石料来源缺乏的情况下，允许掺加一定比例普通集料作为中等或小颗粒的粗集料，但掺加比例不应超过粗集料总质量的40%。

（3）细集料

细集料是指集料中粒径小于4.75mm（或2.36mm）的那部分材料。沥青面层的细集料可采用机制沙、天然沙、石屑。细集料应洁净、干燥、无风化、无杂质，并有适当的颗粒级配。

（4）填料

填料的粒径小于 0.6mm，沥青与填料混合而成的胶浆是沥青混合料形成强度的重要因素，所以填料必须采用由石灰岩或岩浆岩中的强基性岩石等憎水性石料经磨细的矿粉。矿粉要求干燥、洁净、能自由地从矿粉仓流出，其质量应符合技术要求。有时为提高沥青混合料的黏结力，也可掺加部分消石灰或水泥作为填料，其用量一般为矿料总量的 1%～3%。

2. 沥青混合料的选择

沥青混合料是由矿料（粗集料、细集料和填料）与沥青拌和而成的混合料，包括沥青混凝土混合料和沥青碎石混合料。沥青混合料是一种弹塑性黏性材料，具有优良的物理力学性能（包括抵抗各种荷载的能力、高温稳定性、低温柔韧性、水稳定性等），施工较容易，修筑路面时不需要设置接缝，具有减震吸声的效果，保证行车舒适。施工方便、速度快，能及时开放交通，并可再生利用。因此，沥青混合料是高等级道路修筑的一种主要路面材料。

（1）沥青混合料的特性

良好的力学性能。沥青混合料是一种黏弹性材料，采用它修筑的路面，夏季具有一定的高温稳定性，冬季具有一定的低温抗裂性。路面平整无接缝且有弹性，特别是在高速公路上可使客运快捷、舒适，货运损坏率低。

良好的抗滑性。沥青混合料路面既平整又具有一定的粗糙度，有利于高速行车的安全。在潮湿状态下，路面仍具有较高的抗滑性。

施工方便。采用沥青混合料修筑的路面，施工操作方便。采用机械化施工，进度快，养护期短，能及时开放交通。

经济耐久。采用沥青混合料修筑的路面，造价比水泥混凝土路面低得多。高速公路和机场道面可以保证 15 年无大修，使用期可达 20 余年。

便于维修养护、分期改建和再生利用，当沥青混合料路面出现坑槽可以补修。随着道路交通量的增加可分期改建，在旧路面上拓宽和加厚。对旧有的沥青混合料还可再生利用，节约能源、节约投资，社会和经济效益较高。此外，路面的噪声小，晴天无尘，雨天不泞，易于清洁，黑色无强烈反光，便于汽车高速行驶。

此外，沥青路面具有易老化、感温性大等缺点。

（2）沥青混合料的选择

沥青混合料类型的选择主要应满足以下要求。

沥青面层集料的最大粒径宜从上至下逐渐增大，并与压实层厚度相匹配；沥青面层一般应采用双层或三层式结构，各层之间应联结成为整体，在沥青层下必须浇洒透层油，沥青层与沥青层之间必须喷洒黏层油；沥青路面应满足耐久性、抗车辙、抗裂、密水、抗滑等多方面性能要求，便于施工，并应根据施工机械、工程造价等实际情况选择沥青混合料的种类；可对上面层或中面层沥青结合料采取改性措施，或采用SMA等特殊的矿料级配；保证各层的组合不致发生早期破坏，并在此基础上优先或侧重考虑各层的服务功能做出选择；高速公路的紧急停车带（硬路肩）沥青面层应采用与车行道相同的结构，但表面层一般应采用密级配沥青混凝土混合料铺筑；各层沥青混合料应满足所在层位的功能性要求，便于施工，不容易离析。各层应连续施工并连接成为一个整体。当发现混合料结构组合及级配类型的设计不合理时，应进行修改、调整，以确保沥青路面的使用性能。

（二）沥青混合料路面施工

1. 热拌沥青混合料路面施工

（1）施工准备

材料准备：做好配合比设计，报送监理工程师审批，对各种原材料进行符合性检验。选购经调查试验合格的材料进行备料，矿粉应分类堆放且不得受潮，必要时做好矿粉场地的硬化处理和场地四周排水及搭设库房或储存罐。

测量放样：沥青混合料路面施工前，应在下承层上重新恢复道路中线，放样边桩根据摊铺机的宽度和摊铺方案控制纵向摊铺条带的划分。

机械准备：检查、调试沥青混合料路面施工机械的工作状态，确保机械性能正常摊铺机、压路机组合、运料车及其他机械设备各就各位。

下承层准备：铺筑沥青层前，应检查基层或下卧沥青层的质量，检查下承层的高程、路拱、平整度等参数，不符合要求的不得铺筑沥青面层。旧沥青路面或下承层已被污染时，必须清洗或经铣刨处理后方可铺筑沥青混合料。仔细清扫下承层，待干燥后洒布黏层油。

试验段：各层开工前在监理工程师批准的现场备齐全部机械设备进行试验段铺筑，以确定松铺系数、施工工艺、机械配备、人员组织、压实遍数，并检查压实度，沥青含量、矿粉级配、沥青混合料马歇尔各项技术指标等。注意气象预报，加强工地现场、沥青拌和厂及气象台站之间的联系，待天气条件合适，其他准备工作均已就绪，就可以开始混合料的摊铺作业。

（2）混合料配合比设计

沥青混合料配合比设计的主要任务就是确定粗集料、细集料、矿粉和沥青材料相互配合的最佳配合比例，使之既能满足沥青混合料的技术要求又符合经济的原则。连续级配的沥青混合料配合比设计，通常按下列两个步骤进行。

第一，根据沥青混合料的矿料最佳级配范围，计算各组成矿料的配合比。矿料的最佳级配范围可以通过理论计算的方法并结合生产实践经验予以确定。实际施工时，往往人工轧制的各种矿料的级配很难完全符合某一级配的范围。这就必须采用两种或两种以上符合质量要求的矿料，分别进行筛析试验，并测定各种矿料的相对密实度。根据各种矿料的颗粒组成，确定达到级配曲线要求时各种矿料的配比，并按配比配合起来，以满足级配要求。矿料配比确定方法有试算法、正规方程法、图解法等。

第二，确定最佳沥青用量。现行规范采用马歇尔试验确定沥青混合料的最佳沥青用量，以 OAC 表示。沥青掺量可以采用油石比或沥青用量两种表达方式。

油石比是指沥青占矿料总量的百分比；沥青用量是指沥青占沥青混合料总量的百分比。确定最佳沥青用量，首先应根据当地的实践经验选择适宜的沥青用量，分别制作几组级配的马歇尔试件，初选一组满足或接近设计要求的级配作为设计级配，再进行马歇尔试验确定最佳沥青用量。

（3）沥青混合料的拌制与运输

沥青混合料必须在拌和厂采用拌和机械拌制。拌和机械分为连续式和间歇式两种，前者的单位时间生产能力大于后者。拌和设备的选型应根据工程量和工期综合考虑，并且拌和设备的生产能力应与摊铺能力相匹配，最好略高于摊铺能力。拌和机可以是固定式的或移动式的。

热拌沥青混合料采用较大吨位的自卸卡车运输到铺筑工地。运输车的运能应略大于拌和能力和摊铺速度。运送路途中，应在混合料上覆盖篷布，防止雨淋或污染环境。混合料运送到摊铺地点的温度应符合《公路沥青路面施工技术规范》的规定。车厢内侧板表面应涂薄层掺水柴油（油：水 =1 ：3），以此来防止沥青黏结到车厢体上。运送到工地时，已经成团块、温度不符合要求或遭受雨淋的沥青混合料，不得使用。

（4）沥青混合料的摊铺

热拌沥青的混合料使用沥青摊铺机械进行摊铺工序，在摊铺机械的受料斗事先要涂一层薄薄的隔离剂，涂防黏结剂也可。

在高速公路、一级公路、城市快速路或者主干道铺筑沥青混合料的过程中，如果是双车道，那么一台摊铺机进行铺筑的宽度需要在 6m 以内；如果是 3 车道或者大于 3 车道，那么一台摊铺机进行铺筑的宽度需要在 7.5m 以内。

一般情况下，铺筑作业最少使用两台机械进行作业，摊铺机两两错开大约 10 ~ 20m 的距离同时进行铺筑工作。在两幅之间需要进行搭接，搭接的宽度应该控制在 30 ~ 60mm。搭接部分需要避开车轮印迹，上下层的搭接位置最少需要错开 200mm。

在施工前的半个小时到 1 个小时，摊铺机就要开始进行预热，在施工过程中，熨平板的温度应该在 100℃以上。铺筑时，要调整好熨平板的振捣或夯锤压实装置的振动频率和振幅，保证路面初始压实度符合标准需求。熨平板加宽连接应仔细调节至摊铺的混合料没有明显的离析痕迹。摊铺机运行速度不需要过快，但是必须保证摊铺机能够匀速行驶，以确保能够均匀摊铺混合料，并且摊铺作业是一个连续的过程，尽量避免在摊铺过程中出现停顿。

一般情况下，摊铺机的摊铺速度为 2 ~ 6m/min。如果在摊铺过程中混合料出现了离析、龟裂或者拖痕等问题，施工人员应该马上分析出现这些问题的原因，并且在最短的时间内将问题解决。

摊铺机应采用自动找平方式，下面层或基层宜采用钢丝绳或路缘石、平石引导的高程控制方式，上面层宜采用平衡梁或雪橇式摊铺厚度控制方式，中面层根据情况选用找平方式，直接接触平衡梁的轮子不得黏附沥青。铺筑改性沥青或 SMA 路面时宜采用非接触式平衡梁，沥青混合料的松铺系数应根据混合料类型施工，机械和施工工艺等应通过试验段确定，试验段长不宜小于 100m。摊铺过程中应随时检查摊铺层厚度及路拱、横坡。

摊铺机的螺旋布料器也需要进行均衡、稳定的转动。一般情况下，摊铺机的螺旋布料器的转动速度与摊铺机的摊铺速度相对应。在摊铺机的两侧有大于或者等于送料器高度 2/3 的混合料，这是为了避免混合料在摊铺作业中出现离析。

使用摊铺机进行作业过程中，最好不要频繁地进行人工修正。如果出于某些原因必须使用人工进行局部的摊铺或者进行混合料的更换工作，要求人工施工必须小心仔细，如果出现特别严重的问题，应该将整层全部都清理干净，重新进行摊铺。

在路面狭窄部分、平曲线半径过小的匝道或加宽部分，以及小规模工程不能采用摊铺机铺筑时可用人工摊铺混合料。人工摊铺沥青混合料应符合下列要求。

半幅施工时，路中一侧宜事先设置挡板；沥青混合料宜卸在铁板上，摊铺时应扣锹布料，不得扬锹远甩。铁锹等工具宜沾防黏结剂或加热使用；边摊铺边用刮板整平，刮平时应轻重一致，控制次数，严防集料离析；摊铺不得中途停顿，并加快碾压。

如因故不能及时碾压时，应立即停止摊铺，并对已卸下的沥青混合料覆盖苫布保温；低温施工时，每次卸下的混合料应覆盖苫布保温；在雨季铺筑沥青路面时，应加强气象联系，已摊铺的沥青层因遇雨未行压实的应予以铲除。

（5）碾压成型

压路机在施工过程中的速度需要与上一阶段摊铺机的工作速度相适应。压路机每次应由两端折回的位置阶梯形的随摊铺机向前推进，使每一次折回的位置最终都不在同一个横断面之上。摊铺机如果一直在正常工作，没有出现停顿，那么压路机也应该持续进行作业，保证碾压温度始终保持在正常的范围内波动。

在实际作业过程中，如果是较为平缓的路段，那么压路机的驱动轮可以适当靠近摊铺机，这样可以减少波纹或者热裂缝。在碾压过程中，压路机的轮子可能会附着沥青混合料，影响路面的平整度和压实度，此时绝对不能向碾压轮喷洒柴油，只需要喷洒少量的水或者洗衣粉溶液。

在碾压的末尾处，如果此时压路机能够稍微转动方向，就可以将摊铺机后面的压痕减至最小。在作业过程中，压路机不允许在没有经过碾压成型的路段上停顿、停车以及掉头。在已成型的路面上，振动压路机在行驶时必须要将振动装置关闭。

压路机的体积较大，桥梁、挡墙等构造物拐弯死角、加宽以及道路边缘等位置无法使用压路机进行压实，这样的位置可以使用振动夯板进行压实处理工序。雨水井或者其他检查井的边缘还应用人工夯锤、热熔铁补充压实。

在完成碾压并且沥青的温度依旧很高的和混合料之上，任何车辆以及机械设备都不得停放，矿料、油料等也不得洒于表面。待路面温度在50℃以下时，才能允许通车。如果有紧急事件需要尽早恢复通车，可以在沥青路面洒水，加快路面的降温速度。

（6）接缝处理

沥青路面的各种施工缝（包括纵缝及横缝）都必须密实、平顺。

纵向接缝施工：摊铺时采用梯队作业的纵缝应采用热接缝；半幅施工不能采用热接缝时，宜加设挡板或采用切刀切齐；铺另半幅前必须将缝边缘清扫干净，并涂洒少量黏层沥青，摊铺时应重叠在已铺层上5～10cm。

横向接缝的施工：对高速公路和一级公路，中、下层的横向接缝时可采用斜接缝，在上面层应采用垂直的平接缝。其他等级公路的各层均可采用斜接缝。平接缝应做到紧密黏结、充分压实、连接平顺。

第三节 水泥混凝土路面施工技术

水泥混凝土路面也称刚性路面，具有强度高、刚度大、稳定性好、养护维修费用低、使用寿命长等优点，在道路工程特别是高等级、重交通量的道路中已得到广泛应用。水泥混凝土包括普通混凝土、钢筋混凝土、连续配筋混凝土、预应力混凝土、装配式混凝土和钢纤维混凝土等面层板和基层、垫层所组成的路面。普通混凝土土路面是指除接缝区和局部范围（边缘和角隅）外不配置钢筋的混凝土路面。水泥混凝土路面与沥青路面相比有对水泥和水的需要量大、开放交通迟、有接缝和修复困难等缺点。

一、水泥混凝土路面材料组成

（一）水泥

公路、城市道路、厂矿道路应采用硅酸盐水泥或普通硅酸盐水泥（简称普通水泥），水泥强度等级不应低于 42.5 级。

当条件受限制时，可采用矿渣水泥，其强度不应低于 42.5 级；中轻交通等级道路强度等级不宜低于 32.5 级，并严格控制用水量，适当延长搅拌时间，加强养护工作；亦可采用 325 号普通水泥，但应采取掺外加剂、干硬性混凝土或真空吸水措施。

民航机场道路和高速公路，必须采用强度不低于 42.5 级的硅酸盐水泥，水泥应有出厂合格证（含化学成分、物理指标），并经复验合格，方可使用。不同强度等级、厂牌、品种、出场日期的水泥，不得混合堆放，严禁混合使用。出场期超过三个月或受潮的水泥，必须经过试验，按其试验结果决定正常使用或降级使用。已经结块的水泥不得使用。

（二）粗集料

粗集料的最大公称粒径，碎砾石不应大于 26.5mm，碎石不应大于 31.5mm，砾石不宜大于 19.0mm；钢纤维混凝土粗集料粒径不宜大于 19.0mm。混凝土所用的集料应坚硬耐磨、表面粗糙、有棱角，并符合规定级配。

（三）沙（细集料）

混凝土的细集料是指细度模数在 2.5 以上的天然沙、机制沙或混合沙，海沙不得直接用于混凝土面层。淡化海沙不应用于城市快速路、主次干道，但可用于支路混凝土。用沙应质地坚硬、耐久、洁净。其技术指标与级配符合规范要求。

（四）水

饮用水可直接作为混凝土搅拌和养护用水。非饮用水应进行水质检验，并应符合有关规定，还应与蒸馏水进行水泥凝结时间与水泥胶沙强度的对比试验。

（五）外加剂

1. 流变剂

流变剂是改善新拌混凝土流变性能的外加剂，工程中常用的流变剂为减水剂。工程中常用的减水剂有木质素系减水剂（简称 M 剂）、萘系高效减水剂（简称 NF、MF 剂等），水溶性树脂（蜜胺树脂）类减水剂等。

2. 调凝剂

调凝剂是调节水泥混凝土凝结时间的外加剂，通常有早强剂、促凝剂、速凝剂和缓凝剂。早强剂常用的有氯化钙和三乙醇胺复合早强剂。促凝剂常用的有水玻璃、铝酸钠、碳酸钠、氟化钠、氯化钙和三乙醇胺等。速凝剂是使水泥混凝土迅速凝结和硬化的外加剂，可用于冬季施工。

常用的有红星 1 号、711 型、782 型等，通常掺入量为水泥用量的 2.5% ~ 4.0%，初凝时间可在 5min 之内，终凝时间在 10min 之内，缓凝剂常在气温较高时拌制混凝土使用。目前，主要有羟基羧酸盐类（酒石酸等）、多羟基碳水化合物（糖蜜等）和无机化合物类等。

3. 引气剂

引气剂能在混凝土中形成细小的、均匀分布的空气微泡，对新拌混凝土可改善其工作性、减少泌水和离析，对硬化后的混凝土，可缓冲其水分结冰膨胀的作用。目前，常用的有松香热聚物、烷基磺酸钠和烷基苯丙酸钠等。

二、水泥混凝土面层施工技术

（一）施工准备

1. 施工机械选择

常见的水泥混凝土路面的摊铺机械有滑模摊铺机、轨道摊铺机、三辊轴机组、小型机具和碾压混凝土摊铺机械等。

2. 技术准备

当采用自拌混凝土时，应选择合适的拌和场地，要求运送混合料的运距尽量短，水、电等方便，有足够面积的场地，能合理布置拌和机和沙、石堆放点，并能搭建水泥库房等；有碍施工的建筑物、灌溉渠道和地下管线等，均应在施工前拆迁完毕；混凝土摊铺前，对基层进行整修，检测基层的宽度、路拱、标高、平整度、强度和压实度等各项指标达到设计和规范要求，并经监理工程师同意后进行。混凝土摊铺前，基层表面应洒水润湿，以免混凝土底部水分被干燥基层吸去。

（二）模板与钢筋

模板安装应符合下列规定：支模前应核对路面标高、面板分块、胀缝和构造物位置；模板应安装稳固、顺直、平整，无扭曲，相邻模板连接应紧密、平顺，不应错位；严禁在基层上挖槽嵌入模板；使用轨道摊铺机应采用专用钢制轨模。

钢筋安装应符合下列规定：钢筋安装前应检查其原材料品种、规格与加工质量，确认符合设计规定；钢筋网、角隅钢筋等安装应牢固、位置准确；钢筋安装后应进行检查，合格后方可使用；传力杆安装应牢固、位置准确；胀缝传力杆应与胀缝板、提缝板一起安装。

（三）混凝土搅拌

混凝土的搅拌时间应按配合比要求与施工对其工作性要求，经试拌确定最佳搅拌时间，每盘最长总搅拌时间宜为80～120s；外加剂宜稀释成溶液，均匀加入进行搅拌；混凝土应搅拌均匀，出仓温度应符合施工要求。

搅拌钢纤维混凝土，除应满足上述要求外，还应符合下列要求：当钢纤维体积率较高、搅拌物较干时，搅拌设备一次搅拌量不宜大于其额定搅拌量的80%；钢纤维混凝土的投料次序、方法和搅拌时间，应以搅拌过程中钢纤维不产生结团和满足使用要求为前提，通过试拌确定；钢纤维混凝土严禁用人工搅拌。

（四）混凝土拌合物的运输

1. 机动车运送

在路面施工中，为了便于混凝土的摊铺，一般采用自卸车运送混凝土拌和物（工程量一般，现场条件有一定限制时，也可以使用机动翻斗车）。机动车运送混凝土拌和物，主要的风险类型是车辆伤害，其风险控制的重点在于以下几点。

杜绝超载、超速行驶的不安全行为；遇视线不良天气（大雾、沙尘暴等）时，严防快速行驶的不安全行为；卸料前，严防不确认车厢上方无电线或障碍物（尤其是乡村公路）的不安全行为；车厢处于举升状态时，杜绝作业人员上车厢清除残料的不安全行为；卸料后，杜绝在车厢倾斜情况下行驶的不安全行为。

除了要严防车辆伤害，还应加强现场指挥，防止机动车与其他施工机械之间发生碰撞而导致各种意外伤害事故，防止造成地面作业人员的意外伤亡。

2. 手推车运送

在工程量很小或现场条件不适合使用大中型运输车时，可使用现场拌和混凝土，采用手推车将混凝土运送到摊铺现场。手推车运送混凝土拌和物的风险控制重点在于以下几点。

杜绝猛跑、撒把溜车的不安全行为，以免手推车倾翻而导致机械伤害（很可能是伤害他人）；严防车斗内载人的不安全行为，以免造成机械伤害；多车推送混凝土时，防止前后车之间距离过近（一旦后车控制不住手推车，很可能造成前车的推车人受到挤压伤害）。

（五）混凝土拌合物的摊铺

1. 人工小型机具施工

人工小型机具施工水泥混凝土路面层，应符合下列规定。

混凝土松铺系数宜控制在 1.10 ~ 1.25；摊铺厚度达到混凝土板厚度的 2/3 时，应拔出模内钢钎，并填实钎洞；混凝土面层分两次摊铺时，上层混凝土的摊铺应在次下层混凝土初凝前完成，且下层厚度宜为总厚度的 3/5；混凝土摊铺应与钢筋网、传力杆及边缘角隅钢筋的安放相配合；一块混凝土板应一次连续浇筑完毕；混凝土采用插入式振捣器振捣时，不应过振，且振动时间不宜少于 30s，移动间距不宜大于 50cm。使用平板振捣器振捣时应重叠 10 ~ 20cm，振捣器行进速度应均匀。

2. 三辊轴机组铺筑

三辊轴机组铺筑应符合下列规定。

辊轴机组铺筑混凝土面层时，辊轴直径应与摊铺层厚度匹配，且必须同时配备一安装插入式振捣器组的排式振捣机，振捣器的直径宜为 50 ~ 100mm，间距不应大于其有效作用半径的 1.5 倍，且不得大于 50cm；当面层铺装厚度小于 15cm 时，可采用振捣梁，其振捣频率宜为 50 ~ 100Hz，振捣加速度宜为 4 ~ 5g（g 为重力加速度）；当一次摊铺双车道面层时，应配备纵缝拉杆插入机，并配有插入深度控制和拉杆间距调整装置。

铺筑作业应符合下列要求：卸料应均匀，布料应与摊铺速度相适应；设有接缝拉杆的混凝土面层，应在面层施工中及时安设拉杆；三辊轴整平机分段整平的作业单元长度宜为 20 ~ 30m，振捣机振实与三辊轴整平工序的时间间隔不宜超过 15min；在一个作业单元长度内，应采用前进振动、后退静滚方式作业，最佳滚压遍数应经过试铺确定。

（六）表面修整

1. 抹平作业

采用抹平机抹平表面时，其风险控制的重点在于以下几点。

杜绝抹平机带病使用的不安全行为，以免造成机械伤害；作业时，严防无专人收放电缆的不安全行为，以免造成触电伤害；杜绝抹平机带负荷启动的不安全行为，以免造成设备损坏。

2. 吸水作业

路面混凝土摊铺、振捣、抹平后，在混凝土表面铺上吸垫，启动真空设备，从混凝土中吸出游离水，可降低混凝土水灰比，从而提高混凝土路面的质量。真空吸水装置作业时，其风险控制的重点在于以下几点。

杜绝真空泵绝缘不良而导致触电伤害；吸水作业时，严防操作人员在吸垫上行走或压其他物件，以免造成吸垫损坏或者影响工程质量；冬期施工时，严防真空泵存有冷却水，以免造成真空泵损坏；严防掀起盖垫前未断电，以免造成触电伤害。

三、滑模式摊铺机施工

滑模摊铺的特点是不需轨模，由四个液压缸支承腿控制的履带行走机构行走。它可以通过控制机构上下移动,调整摊铺层厚度。在摊铺机两侧安装固定的滑模板。因此,不需另设轨模,这种摊铺机一次通过就可以完成摊铺、捣实、整平等多道工序。滑模摊铺机械化程度高,其施工工艺较为复杂,每一个流程都要求做到充分、精确。

整个施工工艺大致可分为：施工前准备→混凝土拌和→混凝土运输→滑模摊铺及整修养护→灌填缝料→验收及开放交通。

（一）施工前的准备

铺筑前需要保证基层平整，设有沙垫层的，垫层表面应平整、密实；模板尺寸、位置、高程等应满足设计要求，支撑牢固稳定，隔离剂涂刷均匀，模板接缝严密、模内洁净；预埋胀缝板的位置正确；边缘、角隅及其他部位的钢筋安装牢固，位置准确，传力杆与胀缝垂直，绑扎牢固，套筒安装齐全、位置准确；各种检查井井盖、井座、雨水口箅子、箅圈应预先安装完成，且安装牢固，位置准确，标高与路面标高协调一致；水泥混凝土运输应确保及时、连续；设有纵缝的水泥混凝土路面层，在成型水泥混凝土板块侧立面，应按要求涂刷隔离剂。

（二）正确设置滑模摊铺机各项工作参数

1. 振捣棒位置

振捣棒的位置应在压板最低点以上，振捣棒的横向间距大于450mm均匀排列，两侧最边缘振捣棒与摊铺边缘距离不宜大于250mm。振捣棒位置是保证面板不产生纵向收缩裂缝的关键，振捣棒随滑模摊铺机拖行时，将粗集料推开，会形成无粗集料的沙浆暗沟，由于沙浆的干缩量是混凝土的20倍，所以，如果主要振捣棒掉下来，摊铺后的路面留有发亮的沙浆条带，路面必然纵向开裂。在所有公路路面摊铺时，振捣棒的最低点位置必须设置在路表面以上。也有很深的厚面板，如广州新白云机场，面板厚度达42cm。除了缩窄一倍加密振捣棒的横向间距，一半振捣棒安装在表面，另一半是插入板中的。公路没有这么厚的面板，均必须设置在路表面以上，防止开裂。

2. 前倾斜角

挤压底板前倾角宜设置为30℃左右，提浆夯板位置宜在挤压底板前缘以下

5～10mm 之间，这是横向拉裂与否的关键要素。

3. 超铺角及搓平梁

两边缘超铺角宜在 3～8mm 间。搓平梁前宜调整到与挤压板后沿同高，搓平梁的后沿比挤压底板后沿低 1～2mm，并与路面同高。

4. 位置校准

滑模摊铺机首次摊铺路面，应对挂线及其铺筑位置、几何参数和机架水平度进行校准，正确无误后，方可开始摊铺。

5. 复核测量

在开始摊铺的 5min 内，应在铺筑行进中对摊铺出的路面标高、边缘厚度中线、横坡度等参数进行复核测量。所摊铺的路面精确度应控制在规范的规定值范围内。

（三）混凝土搅拌与运输

搅拌前应先检查搅拌设备的各机构是否运转正常，并根据实验室提供的配料单将各材料数据输入搅拌设备微机里，接到前方通知后，进行搅和。

搅和时应根据搅和物黏聚性、均质性及强度稳定性试拌确定最佳拌和时间。所生产的拌和物应色泽一致，如有生料、干料、离析或外加剂成团的非均质混合物时，严禁用于路面铺筑。

把搅拌好的混凝土拌和物运到摊铺现场，在运输过程中要保证不漏浆、不变干、不离析，卸料时尽量不要堆积太高。卸料高度不应超过 1.5m。远距离运输或运输桥面、钢筋混凝土路面混凝土拌和物时，宜采用混凝土运输车。机前布料尽量使混凝土在全宽方向厚度均匀，中间可高一点，布料高度一般比成型后的路面高出 6～10cm 为宜。

（四）铺筑作业技术要领

1. 摊铺速度

操作滑模摊铺机应缓慢、匀速、连续地作业。摊铺速度应根据拌和物稠度、供料多少和设备性能控制在 0.5～3.0m/min，一般宜控制在 1m/min 左右。拌和物稠度发生变化时，应先调振捣频率，后改变摊铺速度。

2. 松方控制

应随时调整松方高度板控制进料位置，开始时宜略设高些，以保证进料。正常摊铺时应保持振捣仓内料位高于振捣棒 100mm 左右，料位高低上下波动宜控制在 ±30mm 之内。为了摊铺高平整度的路面，挤压底板的料与振动仓内的混凝土之间，始终应维持相互间压力的均衡，才不至于因挤压力忽大忽小而影响平整度。

3. 振捣频率控制

正常摊铺时，振捣频率可在 6000～11000r/min 之间调整，宜采用 9000r/min 左右的频率。应防止混凝土过振、欠振或调振。应根据混凝土的稠度大小，随时调整摊铺的振捣频率或速度。摊铺机起步时，应先开启振捣棒振捣 2 ~ 3min，再缓慢平稳推进。摊铺机脱离混凝土后，应立即关闭振捣棒组。

4. 纵坡施工

滑模摊铺机满负荷时可铺筑的路面最大纵坡为：上坡 5%、下坡 6%。

上坡时，挤压底板前仰角宜适当调小，并适当调轻抹平板压力，坡度较大时，为了防止摊铺机过载，推不动，宜适当调整挤压底板前仰角；下坡时，前仰角宜适当调大，并适当调大抹平板压力。板底不小于 3/4 长度接触路表面时抹平板压力适宜。

5. 纵缝拉杆安置

摊铺单车道时，必须根据路面设计配置单侧或双侧打拉杆机械装置，打拉杆装置的正确插入位置应在挤压底板下的中部或偏后部，无论采用何种方式打入拉杆，其压力应满足一次打到位。打入拉杆位置必须在板厚中间，中间和侧向拉杆的高低和左右误差不得大于 ±2mm。

（五）路面修整

滑模摊铺过程中应采用自动抹平板装置进行抹面。对少量局部麻面和明显缺料部位，应在挤压板后或梁前补充拌和物，由搓平梁或抹平板机械修整。

滑模摊铺的混凝土面板在下列三种情况下，可用人工进行局部修补：用人工操作抹面抄平，精整摊铺后表面小缺陷，但不得在整个表面加薄层修补路面标高；对纵缝边缘出现的倒边、塌边、溜肩现象，应在顶侧模或在上部支方铝管进行边缘处补料修整；对起步和纵向施工接头处，应使用水准仪抄平并采用大于 3m 的靠尺边测边修整。

滑模摊铺结束后，必须及时做好以下工作：要清洗滑模摊铺机，进行当日保养、加油、加水、打润滑油等；应丢弃端部的混凝土和摊铺机振动仓内遗留下的纯沙浆；设置施工缝端模，并用水准仪测量面板高程和横坡。

为使下次摊铺能紧接着施工缝开始，两侧模板应向内各收进 20 ~ 40mm，收口长度宜比滑模摊铺机侧模板略长；施工缝部位应设置传力杆，并应满足路面平整度、高程、模坡和板长要求；在开始摊铺和施工接头时，应做好端头和结合部位的平整度，防止工作缝结合部低洼现象，接头部位宁高勿低。

第四节　路面工程质量通病及防治措施

路面工程施工过程中，如果没有完全按照相关标准施工，会影响施工质量，最终导致公路出现各种病害，影响公路的正常使用，甚至阻碍交通。

一、沥青混凝土路面不平整病害产生的原因与防治措施

（一）沥青混凝土路面不平整病害产生的原因

基层标高、平整度不符合要求，松铺厚度不同或混合料局部集中离析，混合料压缩量的不同，导致了高程厚度上的不平整；摊铺机自动找平装置失灵，摊铺时产生上下漂浮；基准线拉力不够，钢钎较其他位置高而造成波动；摊铺过程中摊铺机停机，熨平板振动下沉，重新启动后形成凹点；摊铺过程中载料车卸时撞击摊铺机，推移熨平板而减少夯实，形成松铺压实凹点；压路机碾压时急停急转，随意停车加水、小修，因推拥热的沥青混合料，而形成鼓楞；施工缝接茬处理不好，新旧摊铺压实厚度不一，与构造物伸缩缝衔接不好。

（二）沥青混凝土路面不平整病害的防治措施

控制基层标高和平整度，控制混合料局部集中离析；在摊铺机及找平装置使用前，应仔细设置和调整，使其处于良好的工作状态，并根据实铺效果进行随时调整；用拉力器校准基准线拉力，保证基准线水平，防止造成波动；现场应设置专人指挥运输车辆，每次摊铺之前，应由不少于5部载料车在摊铺机前等候，以保证摊铺机的均匀连续作业，不得中途停顿，不得随意调整摊铺机的行驶速度；应严格控制载料车卸料时撞击摊铺机，使摊铺机的均匀连续作业不形成跳点；在摊铺机前设专人清除掉在"滑靴"前的混合料及摊铺机履带下的混合料；沥青路面纵缝应采用热接缝，施工横缝控制好接头新摊混合料的松铺厚度和碾压措施，为改进构造物伸缩缝与沥青路面衔接部位的牢固及平顺，先摊铺沥青混凝土面层，再做构造物伸缩缝。

二、水泥混凝土路面断板病害产生的原因与防治

（一）水泥混凝土路面断板病害产生的原因

由纵向、横向、斜向裂缝的发展而形成混凝土板的完全折断，称之为断板。究其产生原因，主要是温度应力或荷载应力超过混凝土的变曲抗压强度，水泥混凝土板产生裂缝并发展为断板。具体说，有如下几种原因。

水泥混凝土的强度不足；集料含泥量或含有机质超标；水灰比偏大；搅拌混凝土不均匀，振捣不实；切缝不及时或切缝深度不够，造成应力集中；由于大吨位车的增多，超重车超过原设计荷载；路基的不均匀沉降。

（二）水泥混凝土路面病害防治的措施

1. 轻微断裂

先画线放样，凿开深 5 ~ 7cm 的长方形凹槽，洗刷干净后，用快凝细石混凝土填补；对于裂缝较宽，具有轻微剥落的断板，可采用的修补方法是将断板凿至贯通，再放入 $\phi22@300 ~ 400$ 的钢筋，用快凝混凝土捣实，并与原路面平齐。

2. 严重断裂

对于断裂严重，板被分割成几块或有错台的情况，宜采用整块板更换。将原断裂的板凿掉，换上快凝混凝土，重新浇筑捣实。

三、水泥混凝土路面裂缝病害产生的原因与防治

（一）水泥混凝土路面裂缝病害产生的原因

1. 横向裂缝

水泥混凝土路面在完成铺筑工作之后，没有及时进行切缝工作，路面由于热胀冷缩或者自身发生干缩，导致路面出现横向的断裂；切缝时没有严格按照标准施工，导致切缝过浅，过浅的切缝并不会起到释放公路内部应力的作用，会在切缝的附近产生新的收缩缝；如果水泥混凝土路面的基础发生了沉陷，可能会使板底脱空，进而导致水泥混凝土路面出现横线裂缝；水泥混凝土路面面板厚度不足或者其强度没有满足要求，在经过长时间使用后，由于路面的载荷以及温度的影响，在水泥混凝土路面可能会产生强度裂缝；水泥一个明显的特点就是较强的干缩性，如果在施工前混凝土没有进行科学的配比或者没有到振捣均匀，可能会使得路面出现断裂；水泥混凝土路面施工完成之后，如果没有及时进行养生处理，那么水泥混凝土路面的质量会大打折扣，非常容易产生裂缝。

2. 纵向裂缝

路基发生不均匀沉陷，如由于纵向沟槽下沉、路基拓宽部分沉陷、路堤一侧积水、排灌等导致路基基础下沉，板块脱空而产生裂缝；路面的基础施工出现问题，导致基础不稳定，在施工过程中，车辆的载荷、水以及温度的作用，会使路面产生塑性变形。或者基层材料水稳定性不足，使得基层湿软膨胀变形，路面出现各种各样的裂缝；混凝土板厚度与基础强度不足产生的荷载型裂缝。

3. 龟裂

在浇筑环节完成后，没有在短时间内将路面覆盖住，在温度较高或者风比较大的自然条件下，路面游离的水分会被快速地蒸发，路面一旦快速失去水分，会导致体积

快速减小，进而产生裂缝；混凝土拌制时水灰比过大；模板与垫层过于干燥，吸水大；在材料配比时产生失误，水泥用量超过了标准；振捣或抹平工作过度，长时间地振捣会使水泥和一些细骨料逐渐上浮，甚至上浮到表面，在这样的情况下非常容易导致路面龟裂。

（二）水泥混凝土路面裂缝病害的防治措施

1. 横向裂缝

要严格按照施工标准中规定的时间、工作方式以及切缝的深度等进行切缝施工工序；如果在某段路面的施工过程中连续浇筑的路段较长，施工场地不具备足够的切缝设备，那么可以先在整个施工路段的中间位置切缝，再分段切缝，也可以在适当的间隔设一条压缝，以暂时缓解公路内部的应力集中；基础的施工质量会对路面的施工产生巨大的影响，因此，必须保证基础稳定，没有沉降。

在沟槽、河浜回填处必须按规范要求，做到密实、均匀；混凝土路面的结构组合与厚度设计应满足交通需要，特别是重车、超重车的路段；选用干缩性较小的硅酸盐水泥或普通硅酸盐水泥；严格控制材料用量，保证计量准确，并及时养护；混凝土施工时，振捣要均匀。

2. 纵向裂缝

对于填方路基，应分层填筑、碾压，保证均匀、密实；在新旧路基交接处需要设置台阶或进行格栅处理，以保证新旧路基的衔接部位路面被压实，不会产生滑移；河浜地段会有淤泥，这些淤泥必须彻底清理干净；沟槽地段要保证回填材料的水温性以及压实度符合要求，以减少路面的沉降；上述路段路基施工过程中宜采用半刚性材料，并且厚度应该略高于一般路基；拓宽路段的路基也需要适当加强，并且强度应该高于原始路面的强度；有些地段由于自然原因，比较容易发生沉陷，在这样地段的混凝土路面板应铺设钢筋网或改用沥青路面；混凝土路面板厚度与基层结构应按现行规范设计，以保证应有的强度和使用寿命；基层必须稳定，宜优先采用水泥、石灰稳定类基层。

3. 龟裂

在浇筑工作完成后，必须及时使用潮湿的材料将混凝土路面覆盖，后期进行完善的浇水养护工作，避免路面经受强风或者暴晒。如果是在夏季施工，比较炎热，那么在施工时有必要搭棚；在混凝土的配比过程中，严格控制各种材料的使用量，避免出现配比失误的情况影响路面的使用质量；路面的浇筑工作并不是仅仅浇筑混凝土路面，而是要将基层与模板一起浇透，避免基层与模板吸收混凝土中的水分；干硬性混凝土采用平板振捣器时，应防止过度振捣而使沙浆积聚表面，沙浆层厚度应控制在 2 ~ 5mm 范围内，抹面时不必过度抹平。

第六章 安全施工和环境保护

第一节 安全施工

一、安全施工的一般规定

1. 施工单位应建立健全安全生产管理体系,设置安全管理机构,配备专职安全管理人员,制定安全生产规章制度,落实安全生产责任制,对施工安全管理、施工安全技术和施工安全作业进行全过程、全方位管理与控制。

2. 从业人员应熟悉有关安全生产法律法规和技术规范,经培训合格方可上岗。从事特殊作业人员,应经过专业培训,并取得相应资格后持证上岗。施工作业人员必须遵守本工种的各项安全技术操作规程。

3. 施工单位在工程开工前,应进行现场调查,根据施工地段的地形、地质、水文、气象以及环境条件,结合设计文件和施工方案,制订安全保障措施。在施工中,应及时掌握气温、雨雪、风暴、汛情和地质灾害等相关信息,并根据周围环境条件的变化,做好防范和应急工作。

4. 应掌握施工影响范围内既有道路、结构物、设施、地下和空中的各种管线情况,制订安全保障措施,保证既有结构物和设施的安全。施工期间,施工单位应对影响范围内的既有结构物或设备进行监测,发现异常及时采取措施。

5. 同一工点有多个单位同时施工或不同专业交叉作业时,应共同拟订现场安全技术措施,签订安全生产管理协议。

6. 路基施工前,应根据工程特点和施工环境进行危险源辨识。对重大危险源,应编制应急预案,成立应急组织,配备应急物资,并按规定组织培训和演练。

7. 对高边坡等高风险工程,应按要求进行施工安全风险评估,编制风险评估报告,并进行现场监控。

8. 公路工程施工必须遵守国家有关劳动保护的法规,改善施工条件,为从业人员配备必要的安全防护用品和用具,并定期更换。

9.从业人员在施工作业区域内,应正确使用安全防护用品和用具。

10.路基施工前,应逐级进行安全技术交底。交底内容应包括安全技术要求、风险状况和应急处置措施等。

11.路基施工前,应全面检查施工现场、机具设备及安全防护设施等,施工条件应符合安全要求。用于临时设施受力构件的周转材料,使用前应进行材质检验。

12.施工单位应在施工现场及其管辖范围内根据作业对象及其特点和环境状况,设置安全防护设施。安全防护设施应坚固,安全警示标志应醒目。必要时,宜设置夜用警示灯或反光标识。施工现场的安全防护设施必须设专人管理,随时检查,保持其完整性和有效性。

13.爆破作业、边坡防护作业、挡土墙施工、锚杆和锚索预应力张拉、人工挖孔作业及拆除作业等危险场所,应按规定设置警戒区,并采取必要的安全防护措施。

14.施工现场暂时停止施工的,施工单位应做好现场防护。

二、防火、用电、照明和通风

1.施工临时用房、临时设施、生产区、办公区的防火间距应符合《建设工程施工现场消防安全技术规范》(GB 50720—2011)的相关要求。施工场地和生活区域应按国家有关规定配置消防设施和器材,设置消防安全标志。

2.施工现场的临时用电应符合《公路工程施工安全技术规范》(JTG F90—2015)的相关规定。

3.施工现场应有保证施工安全要求的照明设施。

4.人工开挖抗滑桩桩孔、人工开挖渗水井和人工开挖排水隧洞以及在采空区或溶洞内实施砌石加固作业时,应符合下列规定:

（1）在地下有限空间内作业,现场应配备气体浓度检测仪器,并满足《缺氧危险作业安全规程》(GB 8958—2006)的相关要求。

（2）作业人员进入地下有限空间之前,应通风15 min,并经检测孔内空气符合《环境空气质量标准》(GB 3095—2012)规定的三级标准浓度限值。人工开挖或砌筑作业期间,应持续通风。现场应至少备用1套设备。

（3）在含有毒有害气体的地区,地下空间内作业应至少每2 h检测一次有毒有害气体及含氧量,保持通风,同时应配备不少于5套且满足施救需要的隔绝式压缩氧自救器等应急救援器材。

（4）在地下空间内实施爆破时,应待孔内炮烟、粉尘消散后或经通风,使炮烟、粉尘全部排除后,再入孔作业。

三、路堑、基坑和沟槽开挖

1. 开挖之前,应按施工组织设计对结构物、既有管线、排水设施实施迁移或加固。施工中,应经常检查、维护加固部位,保持设施的安全运行。对在施工范围内可不迁移的地下管线等地下设施,应确定其地下位置和分布范围,设置警示标志,并采取保护措施。

2. 路堑开挖过程中,应设专人对作业面及施工影响范围内岩土体的稳定性进行监测和巡查,监测人员的位置应在落石、滑坡体危险区域之外。发现异常应立即停工,撤离机具和人员,并及时采取安全措施。图6-1所示为挖掘机被边坡上滚下来的岩石压住。

图6-1 挖掘机被边坡上滚下来的岩石压住

3. 开挖结构物基坑时,应根据土质、水文和开挖深度等选择安全的边坡坡度或支撑防护。当基坑开挖深度较大或边坡稳定性差时,应分段、跳槽开挖。在施工过程中,应观察或按规定监测作业面周围岩土体的稳定性,发现问题及时采取相应的处理措施。在坑槽边临时堆放弃土或材料时,应控制弃土或材料与坑槽边缘的距离及堆放高度,不得影响基坑边坡的稳定。机械在基坑周围作业和行驶不得影响施工安全。

4. 机械挖掘时,应避开既有结构物和管线,严禁碰撞。严禁在距既有直埋缆线2 m范围内和距各类管道1 m范围内采用大型机械开挖作业。在既有结构物和管线附近作业时,宜有专人现场监护。

5. 开挖中,遇文物、爆炸物、不明物和原设计图纸与管理单位未标注的地下管线、构筑物时,必须立即停止施工,保护现场,向上级报告,并和有关管理单位联系,研究处理措施。经妥善处理,确认安全并形成文件后,方可恢复施工。

6.爆破作业应符合下列规定：

（1）从事爆破工作的爆破员、安全员、保管员应按有关规定经过专业机构培训，并取得相应的从业资格。

（2）爆破 (图 6-2) 作业和爆破器材的采购、运输、储存和使用应按《民用爆炸物品安全管理条例》《爆破安全规程》(GB 6722—2014) 及《小型民用爆炸物品储存库安全规范》(GA 838—2009) 的有关规定执行。

图6-2 石方爆破

（3）对岩石边坡坡率为 1 ∶ 0.1 ～ 1 ∶ 0.75 的路堑，必须采用光面爆破。城市、风景名胜区及重要工程设施附近的路堑爆破应采用控制爆破技术。

7.沟槽开挖深度超过 2 m 时，其边缘上面作业应按高处作业要求进行安全防护并设置警告标志。开挖沟槽位于现场通道或居民区附近时，应设置安全护栏，夜间应设置警示灯。

四、路堤和路床填筑

1.路堤施工应先做好临时防水、排水系统。路基基底、坡脚及影响路基稳定的范围内不得积水浸泡。傍山修筑路堤时，应防止地表水、地下水渗入路堤结构各部位。

2.使用振动压路机碾压路基前，应对附近地上和地下结构物、管线可能造成的振动影响进行分析，确认安全。

3.填土地段与架空线路之间的安全距离应符合《施工现场临时用电安全技术规范》(JGJ 46—2005) 的有关规定。

4.路基下存在管线时，管顶以上 0.5 m 范围内不得用压路机碾压。采用重型压实机械压实或有重车在回填土上行驶时，管道顶部以上应铺设一定厚度的压实填土。填土最小厚度应根据机械和车辆的质量与管道的设计承载力等情况，经计算确定。

5.填方作业区边缘应设明显的警示标志。图 6-3 所示为压路机在碾压路堤边缘时，存在滚下边坡的安全隐患。

图6-3　压路机滑移到路堤边坡上

五、支护结构施工

1.在边坡上或基坑内作业之前,应检查边坡或坑壁的稳定状况。对影响施工安全的危岩、危石、松动土石块应予以清除,或采取必要的防护措施。

2.作业高度超过 1.2 m 时,应设置脚手架。脚手架应通过专业设计,必须进行强度、刚度及稳定性等方面的验算,并符合《公路工程施工安全技术规范》(JTG F90—2015)的相关规定。高的脚手架平台应采用锚杆锚固在岩壁上。脚手架搭建经验收合格后,方可使用。施工过程中,应经常检查脚手架,发现松动、变形或沉陷应及时加固。

3.挡土墙高度超过 2 m 时,应按《公路工程施工安全技术规范》(JTG F90—2015)高处作业要求进行安全防护。

4.砌筑作业时,脚手架下不得有人作业或停留,不得重叠作业 (图 6-4)。不得采用顺坡滚落或抛掷传递的方式运送材料。

5.用提升架运送石料时,应有专人指挥和操作,严禁超负荷运行。严禁使用提升架载人。临时起吊设备的制作、安装必须符合国家相关规定。

图6-4 高边坡脚手架搭设

6.预制构件安装前,应根据现场条件制订详细的吊装方案,所有起重设备必须符合国家关于特种设备的安全管理规定。

7.喷浆作业应按自上而下顺序施做。喷浆作业时应密切注意压力表变化,出现异常时,必须停机、断电、停风,并及时排除故障。作业区内严禁在喷浆嘴前方站人。处理堵管时,作业人员应紧握喷嘴,防止管道甩动伤人。管道有压力时不得拆卸管接头。

8.锚杆和锚索钻孔施工,吹孔时作业人员应站在孔的侧边,以防吹出泥水、砂土伤人。

9.张拉作业区域应设为警戒区。张拉作业平台应稳固,张拉设备必须安装牢固。张拉过程中操作人员不得离岗,千斤顶旁严禁站人。

六、公路工程施工安全事故等级划分与报告的规定

根据《生产安全事故报告和调查处理条例》(中华人民共和国国务院第493号令),公路工程施工安全事故报告的规定如下(节选):

第三条根据生产安全事故(以下简称事故)造成的人员伤亡或者直接经济损失,事故一般分为以下等级:

(一)特别重大事故,是指造成30人以上死亡,或者100人以上重伤(包括急性工业中毒,下同),或者1亿元以上直接经济损失的事故;

(二)重大事故,是指造成10人以上30人以下死亡,或者50人以上100人以下重伤,或者5 000万元以上1亿元以下直接经济损失的事故;

(三)较大事故,是指造成3人以上10人以下死亡,或者10人以上50人以下重伤,或者1 000万元以上5 000万元以下直接经济损失的事故;

（四）一般事故，是指造成 3 人以下死亡，或者 10 人以下重伤，或者 1 000 万元以下直接经济损失的事故。

国务院安全生产监督管理部门可以会同国务院有关部门，制定事故等级划分的补充性规定。

本条第一款所称的"以上"包括本数，所称的"以下"不包括本数。

第九条　事故发生后，事故现场有关人员应当立即向本单位负责人报告；单位负责人接到报告后，应当于 1 小时内向事故发生地县级以上人民政府安全生产监督管理部门和负有安全生产监督管理职责的有关部门报告。

情况紧急时，事故现场有关人员可以直接向事故发生地县级以上人民政府安全生产监督管理部门和负有安全生产监督管理职责的有关部门报告。

第十条　安全生产监督管理部门和负有安全生产监督管理职责的有关部门接到事故报告后，应当依照下列规定上报事故情况，并通知公安机关、劳动保障行政部门、工会和人民检察院：

（一）特别重大事故、重大事故逐级上报至国务院安全生产监督管理部门和负有安全生产监督管理职责的有关部门；

（二）较大事故逐级上报至省、自治区、直辖市人民政府安全生产监督管理部门和负有安全生产监督管理职责的有关部门；

（三）一般事故上报至设区的市级人民政府安全生产监督管理部门和负有安全生产监督管理职责的有关部门。

安全生产监督管理部门和负有安全生产监督管理职责的有关部门依照前款规定上报事故情况，应当同时报告本级人民政府。国务院安全生产监督管理部门和负有安全生产监督管理职责的有关部门以及省级人民政府接到发生特别重大事故、重大事故的报告后，应当立即报告国务院。

必要时，安全生产监督管理部门和负有安全生产监督管理职责的有关部门可以越级上报事故情况。

第十一条　安全生产监督管理部门和负有安全生产监督管理职责的有关部门逐级上报事故情况，每级上报的时间不得超过 2 小时。

第十二条　报告事故应当包括下列内容：

（一）事故发生单位概况；

（二）事故发生的时间、地点以及事故现场情况；

（三）事故的简要经过；

（四）事故已经造成或者可能造成的伤亡人数（包括下落不明的人数）和初步估计的直接经济损失；

（五）已经采取的措施；

（六）其他应当报告的情况。

第十三条 事故报告后出现新情况的，应当及时补报。

自事故发生之日起 30 日内，事故造成的伤亡人数发生变化的，应当及时补报。道路交通事故、火灾事故自发生之日起 7 日内，事故造成的伤亡人数发生变化的，应当及时补报。

第十四条 事故发生单位负责人接到事故报告后，应当立即启动事故相应应急预案，或者采取有效措施，组织抢救，防止事故扩大，减少人员伤亡和财产损失。

第十五条 事故发生地有关地方人民政府、安全生产监督管理部门和负有安全生产监督管理职责的有关部门接到事故报告后，其负责人应当立即赶赴事故现场，组织事故救援。

第十六条 事故发生后，有关单位和人员应当妥善保护事故现场以及相关证据，任何单位和个人不得破坏事故现场、毁灭相关证据。因抢救人员、防止事故扩大以及疏通交通等原因，需要移动事故现场物件的，应当做出标志，绘制现场简图并做出书面记录，妥善保存现场重要痕迹、物证。

第十七条 事故发生地公安机关根据事故的情况，对涉嫌犯罪的，应当依法立案侦查，采取强制措施和侦查措施。犯罪嫌疑人逃匿的，公安机关应当迅速将其追捕归案。

第十八条 安全生产监督管理部门和负有安全生产监督管理职责的有关部门应当建立值班制度，并向社会公布值班电话，受理事故报告和举报。

第二节 环境保护

一、环境保护一般规定

1. 路基施工应遵守国家土地管理、水土保持、环境保护、生态保护、资源利用、能源利用、循环经济的有关法律法规，合理利用资源和能源，控制污染，保护环境。

2. 工程开工前，应对施工现场的地形、地质、水文、气象、生态环境条件以及既有结构物状况进行调查，根据国家有关建设项目环境保护管理的规定以及节约资源、节约能源、减少排放等相关法规和技术标准，结合工程特点、设计要求和施工环境，编制并实施工程施工环境保护措施与节能减排技术方案。

3. 公路路基施工组织设计，应结合工程实际按环境保护设计的各项要求，针对施工中可能造成的环境破坏和不利影响制订具体防止措施和方案，并实施。

4. 路基施工中，应重视对农田水利和环境的保护，节约土地，少占耕地，临时占用土地应及时做好复垦工作。

5. 自然保护区、森林、草原、湿地及风景名胜区的路基施工方案，应有利于生态和生态恢复。

6. 施工机械设备应符合环保规定，首选低噪声、低振动、低排放的节能环保型机械设备。在使用中应定期保养、维护，减少油料跑、冒、滴、漏对环境的影响。

二、生态保护与生态恢复

1. 路基施工前应对沿线生态环境进行调查，评价施工对生态环境可能造成的影响。

2. 路堤填筑、路堑开挖及取弃土，均应根据路基施工进度有计划地进行表土剥离，并进行保存。表土最小剥离厚度应根据国家现行环境保护标准相关规定确定。表土堆存高度应不超过 2 m，必要时应采取设置排水沟等相应保护措施，防止水土流失。

3. 施工前，应根据环境保护标准相关规定采取相应措施对位于路基范围内的珍稀植物进行保护。

4. 公路通过林地时，应注意保护用地范围以内的林木，并严格控制林木的砍伐数量，严禁砍伐道路用地范围之外不影响行车安全的林木。

5. 公路经过草原和草甸时，应注意保护腐殖土和地表植被，限制路侧取土。取土场和弃土场宜选择在植被生长差的地方，集中设置。

6. 公路经过湿地时，施工废料暂时放置在湿地之外，施工结束后应及时处理。

7. 在草、木密集的地区施工时，应遵守护林防火规定。

8. 在国家或地方重点保护野生动物出没路段进行路基施工时，应设置预告、禁止鸣笛等标志，并应根据野生动物的种类、习性及迁徙季节、路线和活动规律，合理安排施工计划，为动物横向过路设置必要的通道。

9. 生态恢复应符合下列规定：

（1）取弃土工程结束后，取弃土场应及时进行必要的回填、整平、压实，地面坡度一般应小于 5°，并利用储存的表土进行复垦。施工结束后应对开挖面恢复植被。

（2）公路施工结束后，应对施工临时占地、施工营地、临时道路、设备及材料堆放场地等进行有计划的复垦。复垦后，应尽量保持原有地貌和景观。原属性为农田的应复耕。

（3）项目区的裸露地，适应种植林草的应恢复植被。

三、水资源保护与废弃物污染控制

1. 在施工及生活区域应设置相应的场地堆放生产及生活废弃物，并定期处理。污水处理产生的污泥,应运至指定堆放场地。

2.生产污水和生活污水不得随意排放。施工过程中,各种排水沟渠的水流不得直接排放到饮用水源、农田、鱼塘中。

3.在岩溶水发育地段,路基修筑不应切断岩溶(地下和地表)水的径流通道,不得造成阻水、滞水或农田缺水。

4.严禁采用有害物质超标的工业废渣作为路基填料。

四、空气污染控制

1.路基施工过程中应采取措施控制废气排放和扬尘,并应符合国家环境空气质量标准的相关规定。

2.路基施工堆料场、拌和站、材料加工厂等宜设于主要风向的下风处的空旷地区,远离居民区和学校。当无法满足上述要求时,应采取必要的环保措施。

3.施工便道应采取洒水降尘措施(图6-5)。在便道与既有道路交道口处应设专人负责清扫和管理。

图6-5　洒水车洒水控制扬尘

4.粉状材料运输、堆放和使用,应符合下列规定:

(1)粉状材料运输应采取防止材料散落或扬尘污染措施。干粉状材料宜采用袋装或罐输方式运输。

(2)粉煤灰、石灰等材料不应露天堆放。

(3)采用粉状材料作为路基填料或对路基填料进行现场改良施工,应避免在大风天作业,并应采取有效措施防止粉尘污染。

5.不得焚烧生活和生产垃圾。清理场地时,不得焚烧杂草和树木。

五、噪声和振动控制

1.公路施工组织设计应对环境敏感点附近路段施工期间产生强噪声辐射的施工机械作业时间、施工方式等做出规定。施工场界声级应符合《建筑施工场界环境噪声排放标准》(GB 12523—2011) 的规定。

2.在居民聚集区或噪声敏感区,因特殊需要必须连续作业且在施工过程中场界环境噪声有可能超过排放标准的,应采取环境噪声污染防治措施。

3.强振机械设备宜采取消声、隔音、安装减振衬垫等减振降噪技术措施。

4.在居民聚居区或其他振动敏感建筑物附近进行强夯、冲击压实施工作业时,应对可能造成危害的建筑物进行监控,并采取振动隔离措施。

5.爆破作业点距敏感建筑物近时,应采取控制爆破炸药用量和控制开挖进尺数量来减轻振动。

六、文物保护

1.在文物保护区周围进行施工时,应采取相应的保护措施,严禁损毁文物古迹。

2.施工中发现文物时,应暂停施工,保护好现场,并立即报告当地文物管理部门研究处理,不得隐瞒不报或私自处理。

参考文献

[1] 玉小冰，左恒忠.工程施工技术与造价的融合 [M].长春：吉林科学技术出版社，2021.07.

[2] 任传林，王轶君，薛飞主.公路工程施工技术 [M].长春：吉林科学技术出版社，2019.05.

[3] 林立宽.公路工程施工技术研究 [M].长春：吉林科学技术出版社，2021.05.

[4] 肖湘，欧晓林，余景良.工程项目管理 [M].哈尔滨：哈尔滨工程大学出版社，2018.08.

[5] 刘宗云.建筑工程项目管理 [J].中国周刊，2020,(7)：148.

[6] 石杰.建筑工程项目管理探讨 [J].商品与质量，2021,(28)：73.

[7] 刘兴涛.建筑工程项目管理的方法 [J].新材料·新装饰，2021,(20)：159-160.

[8] 王娟.建筑工程项目管理创新的探讨 [J].现代装饰，2023,(9)：160-162.

[9] 渠一辉.建筑工程施工技术面临的问题分析 [J].建材与装饰，2022,(17)：30-32.

[10] 江浩杰.建筑工程施工技术管理研究 [J].房地产世界，2022,(17)：110-112.

[11] 陈立.建筑工程施工技术及项目管理研究 [J].建材与装饰，2023,(8)：9-11.

[12] 丁忠启.建筑工程项目管理研究 [J].休闲，2021,(13)：164.

[13] 彭慎喜.建筑工程项目管理的重点 [J].新材料·新装饰，2021,(12)：159-160.

[14] 任志君.工程项目管理的现状及控制措施 [J].建筑与建材 (装饰),2023,(2)：37-39.

[15] 郭思远.工程项目管理模式的构建 [J].中文科技期刊数据库 (文摘版) 工程技术，2021,(1)：226-227，230.

[16] 陶杰，彭浩明，高新主编.土木工程施工技术 [M].北京：北京理工大学出版社，2020.08.

[17] 田军.土建工程施工技术实践 [J].商品与质量，2022,(39)：121-123.

[18] 么维子.土木工程施工技术管理 [J].新材料·新装饰),2022,(14)：181-183.

[19] 曾海.屋面工程施工技术要点 [J].居业，2023,(2)：61-63.

[20] 胡宝堂.建筑工程施工技术浅析 [J].建筑与装饰，2022,(8)：166-168.

[21] 李永锋.道路工程施工技术与现场施工管理 [J].城市建筑空间，2022,(A1)：

253-254.

[22] 高翔 . 建筑工程施工技术及现场施工管理 [J]. 建材与装饰 ,2023,(2)：24-26.

[23] 张露 . 公路工程施工技术管理和控制的探析 [J]. 工程技术与管理 ,2022,(14).

[24] 赵小宝 . 土建工程施工技术问题分析及对策 [J]. 建材发展导向 ,2023,(6)：179-182.

[25] 张瑞强 . 建筑工程施工技术及现场施工管理 [J]. 建材发展导向 ,2022,(13)：111-113.

[26] 蒋晨波 , 张超萍 . 建筑工程施工技术与现场施工管理 [J]. 住宅与房地产 ,2023,(5)：157-159.

[27] 田进 . 土建工程施工技术的质量控制研究 [J]. 科技与创新 ,2022,(13)：123-126.

[28] 智健 . 建筑工程施工技术及现场施工管理 [J]. 门窗 ,2022,(12)：79-81.

[29] 孙兆强 , 何书龙 . 建筑工程施工技术管理研究 [J]. 住宅与房地产 ,2023,(5)：172-174.